自 然 文 库
N a t u r e
S e r i e s

An Orchard Invisible

A Natural History of Seeds

种子的故事

〔英〕乔纳森·西尔弗顿 著

徐嘉妍 译

目 录

讲述生命的传奇历史

廉永善　张正春

生物与非生物的不同，是生物能在种群内不断进行着世代相传“圆”的运转，即生死轮回的生殖和繁衍；而非生物，包括空气、土壤、矿物、岩石和水等，则完全不能。生物类群之间的不同，是生物在此运转进程中，其运转方式、运转结构或者运转速度等方面存在着的差异，其差异的大小体现了生物类群之间亲缘关系的疏密远近。研究表明，生物进化的核心是不同生物类群之间在繁育方式和繁育结构等方面的不断演化，演化涵盖着生物类群性状的歧化、异化和分化，以及生存或者绝灭等；而性和繁育则是生物进化的根本动力源泉。性和繁育以及生态环境的变化，导致了生物界的不断发展演化，形成了生物多样性的不断丰富多彩。

种子形成，并不断演化，使得种子植物生殖繁衍的动力和能量大大增强，其运转的时间和空间得到拓宽，促使植物逐渐脱离海洋环境，从水域进发陆地，从潮湿地走向旱地、荒漠、寒地、高山……据统计，现代生存于地球上的种子植物已超过三十多万种，它们为人类提供了食物、木材、棉花、药材和鲜花……它们释放氧气、涵养水源、阻挡风沙、调节气候……为人类提供了优良的生态和居住环境；当然，它们也为其他生物的生存和繁衍提供了栖息场所和生存来源。

那么，种子从哪里来？到哪里去？如何发展？其演化道路又是怎样的？英国生态学教授乔纳森·西尔弗顿就上述一系列问题，对前人的成果进行了比较全面系统的汇集整理研究，出版了《种子的故事》。书中以讲故事的方式，讲述了种子的发生来源，认为"第一粒种子植物来自于近似蕨类的先祖，根据化石记录，最早的种子植物出现在泥盆纪，距今已有三亿六千万年"。从这个故事开始，作者带领我们漫游种子世界，探讨种子如何演化，如何展现生命特性，又如何散播各处；讨论种子为什么会休眠，如何才会发芽；为什么有些种子饱含油脂，有些却富有淀粉；为什么有些种子很大，有些种子很小；为什么有些含有毒素，有些却美味可口；又如何广泛地被人类运用发展成新品种，并制作成日常生活的必需品，包括食物、食用油、香料和药品……概括而言，《种子的故事》内容丰富，涵盖领域广阔，知识底蕴深厚，而叙述流畅易懂，是一部相当优秀的科普著作；另一方面，《种子的故事》焦点集中而知识系统，分析深刻而架构完整，也称得上是一部科学专著。

当你阅读种子的生命历程：从一开始的生殖行为和授粉，到种子生命中各个阶段，最后进入咖啡杯或盘子里，不管你是尽情地徜徉在这段旅程之中，还是蜻蜓点水式地完成了这趟种子探索之旅，都将发现一个反复出现的主题"演化"，你一定会体会到"演化"是生物难以抗拒的习性。因为演化以循序渐进的方式进行，解决生命遭遇到的一个个挑战，并无特定的方向；演化可以取得相当惊人的成就，有些甚至叫人难以置信，但这样的成就并非一蹴而就。如：在陆地上，成功繁殖的关键就是亲代必须照顾胚胎；陆地生物将受精卵留在母体的组织内，胚胎发育时受母体保护，不会脱水；这是生物从海洋拓殖到陆地关键的演化步骤。再如：种子从性而来，性的本质就是基因在个体间互换。个体间交换 DNA 是演化的重要突破，很早就出现在生命发展史上，当时雄性与雌性的角色甚至还没演化出来。由于 DNA 交换如此源远流长，因此几乎所有后来发展出的生命都有性行为。我们的老祖宗有性，所以我们也有性，也正因为老祖宗有性，才会有我们。究竟“性”这种繁殖方式为什么如此成功呢？自生命的开端始，性就存在，这又是为什么？真叫人百思不解。“演化”虽然有规律可循，规律就是“天择”，即适者生存；然而，演化并未循着明确的步骤前进，而是徘徊在一个又一个机遇形成的解决方法之间。其中一条路径演化出种子植物，其他路径则演化出没有种子的植物，例如苔藓和蕨类，还有其他路径演化出如今已绝种的植物，如鳞木和种子蕨类。在《种子的故事》中，推动种子的故事展开的正是演化，因此，《种子的故事》也是一部重温进化论的生动读物。

《种子的故事》兼具科学家的智识氛围及园丁的快乐情调，书中综览各式奇景。无论您是立志于探索生物界的无穷奥秘，还是想成为一名采猎新知的达人，必定都很难抗拒该书的诱惑。

2012 年 12 月 3 日 于兰州

1

看不见的果园：种子

苹果的种子内，有一座看不见的果园。[1]

——英国威尔士（Wales）谚语 3

在自然界中，种子有它原始的生命，而反映在文学作品与想象世界中，种子又有另一种生命，两者互相映照。开头这句威尔士谚语既体现了种子在生物方面的潜能，更表达了种子在隐喻方面的力量。既是哲学家，也是美国自然保护先锋的亨利·梭罗（Henry David Thoreau）对种子相当着迷，从中汲取了许多灵感。他曾写道："我对种子有莫大的信仰。若让我相信你有颗种子，我就要期待生命显现奇迹。"[2] 地球上最大的生物是一棵名叫"雪曼将军树"（General Sherman）的巨杉（*sequoiadendron giganteum*），约和六架波音 747-400 型巨无霸喷气式客机等重。若知道雪曼将军树在两千多年前，萌芽自仅仅六毫克的种子，谁不想一探其中的奥妙呢？

本书也曾是一颗种子——说得更精确些，应该是许多颗种子。书 4
本纸张所用的树浆来自北方的松木，由种子长成；纸张上的油墨与封面的亮漆中皆有油脂，这些油脂得自种子；而书的内容更来自另一类种子——思想的种子。园丁、厨师，还有我们每个人都对种子的某些知识耳熟能详，而本书的构想就是探索这些知识背后的科学。本书探讨何以种子有如许美妙的特质，能够填饱我们的肚子，为我们的食物增添风味，滋润并保护我们的皮肤；长成植物后，还能带给我们水果、花朵、纤维、药材、毒素、香水、遮蔽，以及——快乐。我希望能说服各位，阅读和种子有关的书更是享受种子的另一种方式。

期待生命显现奇迹——兰花的种子轻如尘埃，由于养分不足，发芽后头几年兰花得寄生在菌类身上。海椰子的果实则重达20公斤，是世界上最大的种子。海椰子的先祖生长于东非印度洋上的塞舌尔（Seychelles），西印度洋途经此地流往亚洲，冲刷塞舌尔的土壤使之成为群岛，海椰子的先祖就此困在小岛上，果实在海面漂荡。西印度洋陆地上小小的果实，经由演化，成为地球上最大的种子。

简而言之，种子的故事与演化有关，各种问题令人好奇。本书头几章探讨植物什么时候从近似蕨类的先祖演化成第一株种子植物，以及它们如何演化。其他章节讨论种子为什么会休眠；如何才会发芽；为什么有些种子饱含油脂，有些却富有淀粉；为什么有些种子很大，有些种子很小；为什么有些含有毒素，有些却美味可口。虽然科学已经解开与种子有关的种种问题，但很多谜团依然有待解答，其中不乏最基本的问题，例如：植物到底为什么要结种子？为什么植物（此点动物亦然）离不开性？

5 你可以将种子的故事从头读到尾，从一开始的生殖行为和授粉，到种子生命中各个阶段，最后在咖啡杯或盘子里，为这趟种子探索之旅画下句点。或者你也可以蜻蜓点水，试一些园艺，看一段基因，念一点医学，学一些买卖，尝一点烹饪——包罗万象，尽在种子。这本书不厚（这年头谁还有闲工夫看厚厚一本书？），不过也不是供人快速检索用的。相反地，我在种子故事的曲径上漫游，倘若遇上丰饶的故事园地，就会如种子生出的根一般分岔而去。如果你愿意随我一起尽情徜徉在这段旅程，你就能像我写这本书时学到的一样，发现种子和其他意想不到的主题间，有种种极为有趣——虽说有时看似细微末节——的关联。这些主题包括了17世纪塞勒姆（Salem）镇礼拜堂的女巫审判（“玫瑰，汝病了！”）、莱姆病（“一万颗橡实”）、人类色彩视觉（“甜美的葡萄串”），以及酵母的演化（“约翰·巴雷康”）。

无论你用什么方法阅读本书，都将发现一个反复出现的主题：演化使旧的部位不停发展出新的用途；因为演化是以循序渐进的方式，解决生命遭遇到的一个个挑战，并无特定的方向。演化达到相当惊人的成就，有些甚至叫人难以置信，但这样的成就并非一蹴而就。雪曼将军树的种子得花上两千年才能长成那么大，但对种子植物36亿年的历史来说，这只是一眨眼的工夫而已。早在雪曼将军树还是一颗六毫克的种子时，老子就已说过“见小曰明”，[(3)] * 所言甚是。

* 英文原文为：To see things in the seed, that is genius. 老子《道德经·下》第五十二章：“见小曰明，守柔曰强。”

2

万物伊始：演化

混沌波涛下的有机生命 7
孕发于大海珠玉之穴；
万物伊始，透镜未能得见，
泥浆里行走，水波中穿梭；
代代兴茂，由此
获取崭新的力量，生发强壮的肢翼；
自此，无尽的植物萌发，
开展鳍、足与翼的疆界。

——伊拉斯谟斯·达尔文，选自《自然的圣殿》(*The Temple of Nature*)

查尔斯·达尔文（Charles Darwin, 1809—1882）的祖父伊拉斯谟斯·达尔文（Erasmus Darwin, 1731—1802）是个有远见的人，但当时的人都取笑他对演化的看法。他创作了一句家族铭文，招摇地写在马车外："一切事物皆来自海里的贝壳（*ex omnia conchis*）。"或许伊拉斯谟斯只是在开玩笑，不过他的看法领先同代人数十年，而且基本上他说得没错：生命一开始的确是从海里演化而来。不过，种子植物又源自何处

呢？有些种子植物的确生长在海里，但海草却生长在海边的浅水中，而
其祖先来自陆地。说到在海里生活，海草只是菜鸟一只，只能蹚蹚泥泞
8 的浅水，免得撞上海生植物里的“大佬”：藻类。

即使种子植物在陆地上演化，也别忘了陆生植物的起源仍是海洋。即使演化将植物带出海洋，植物还是离不开海洋。或者如科纳（E. H. Corner）在他的名作《植物的生命》（*The Life of Plants*）中所说，陆生植物是“照着海洋的食谱做成”。[1] 演化因应陆地生物的需求，参考海洋的食谱，烹调出全新的菜色，将烹调出的胚胎放在盒子里——也就是放在种子里。事实上，盒子里除了胚胎，还有妈妈准备的食物，所以种子应该是个便当盒，胚胎就躺在里面。

植物最终打造出种子，以适应陆地上的生活。那么种子的前身是什么？这个前身又如何根据海洋的食谱演化成种子？比较植物与动物或许能带来一些启发。动物界中，从海洋上岸、成功拓殖陆地的例子所在多有，像是脊椎动物、软体动物和节肢动物（昆虫和甲壳类）。但在植物界，当时成功的却只有一个物种，此物种率先由海洋过渡到陆地，而所有陆生植物，包括苔藓、蕨类、木贼、裸子植物（针叶树、铁树，及其他相关族群），以及显花植物，都源自这个单一物种。[2] 一定有些植物曾企图登陆，却以失败告终，只是我们不晓得这样的例子有多少。

植物只有一次成功从海洋过渡到陆地，可见陆生植物与海生的藻类竞争时，在生存和繁殖上面临了多少困难。海洋和陆地的环境极为不同，影响植物之处实在多不胜数，科纳甚至不愿意在他的书中列举这些差别。他写道：“列举这些差异得花上好几页的篇幅，不该拿此类琐事烦扰聪颖的心智。”[3]

另一位植物学家则作了首打油诗，诗里表达的观点值得褒奖：

> 研究植物学，不该太单调；
> 就让植物学，锻炼你的脑； 9
> 别说你不学，除非你没脑。[4]*

如果所有植物学作家都像他一样体贴就好啰！话说回来，我还是得稍微提两项植物从海洋到陆地生活时遇上的困难。在陆地上，精子该如何游动？受精卵又如何才不会干掉？

陆生植物处理这些问题的方法不胜枚举。像是苔藓和蕨类，它们其实没有真正解决这个问题，因为这些植物仍然必须在湿润的环境下进行有性生殖。苔藓和蕨类的精子外必须覆盖一层湿润的薄膜，才能从雄性器官游向雌性器官。因此，这些植物只能分布于潮湿的栖地，起码栖地不能一直很干燥。我们所熟悉的大型阔叶蕨类并无性别，没有精子和卵子，但能产生微如尘埃的孢子。孢子散布，发芽长成配子体，进入有性世代，以在日后长出独立的个体。发芽的配子体产生精卵，精卵结合产生受精胚胎，受精胚胎生根发芽，长成我们看到的大型阔叶蕨类。某些海生藻类也具有无性与有性世代，而陆生植物的祖先必定也曾如此。

16 世纪的人大多以为蕨类用种子繁殖。但是蕨类的种子在哪里呢？既然所有植物都是由种子生长而成，而蕨类找不到种子，那么蕨类的种子一定是隐形的了！当时研究草药的人相信，从植物的叶子以及花

* 英文原文为：There should be no monotony / In studying your botany; / It helps to train / And spur the brain/ Unless you haven't gotany.

朵的形状，就能看出这种植物的药效。所以肾大巢菜[译1]能治肾疾，地钱[译2]对肝有益。基于征象学说（doctrine of signatures）这派原则，很自然地，若拿着隐形的蕨类种子，人就能隐形了啊。

研究草药的人若要兜售这个想法，借机大赚一笔，还得解决一个问题：怎么拿到蕨类种子？有个方法：仲夏午夜降临之际，蕨类种子飘落之前，以一叠12个白镴银盘承接。蕨类种子会穿透前面11个盘子，停驻在第12个盘子上。[5]当然，不是每个人都信这套。莎士比亚1597年的戏剧《亨利四世》（*King Henry IV*）中描写小偷欲招募同伙，一同打劫。这个叫盖仙（Gadshill）的小偷说："我们可以做贼，就像安坐在城堡里一样万无一失；我们有蕨类种子，来无影去无踪。"不过对方拒绝了："不；依我所见，你们的隐身妙术，还是靠了黑夜的遮盖，未必是蕨类种子的功劳。"[6][译3]如今，大家都知道蕨类没有种子，但直到今天，顺势疗法的医生还是相信，草药精华稀释至无形，加入解药有奇效。[7]或许我们不该嘲弄前人，取笑他们那么容易上当。

蕨类与苔藓或许没有种子，繁殖周期也让人联想到海中的藻类，但其生命周期中有一个特点却和其他陆生植物一样，也就是这点将蕨类与苔藓和藻类划分开来。这个特点就是，所有的陆生植物都会产生多细胞胚胎，并存留在母体中。因此，陆生植物属于有胚植物（embryophytes），发展过程中，释出胚胎的时间依物种而异。陆地生物

译1：肾大巢菜（kidney vetch），又称疗伤绒毛花，为一种豆科植物，旧时用以治疗肾脏病。

译2：地钱（liverwort）分为两种，其中一种称为叶藓（Thalloid liverwort），叶子轮廓形如肝脏，古时认为可治肝病。liverwort在古英文即为liver plant的意思。

译3：译文参考自朱生豪译《莎士比亚全集》，北京：人民文学出版社，1994。

的母亲即使再怎么偷懒，也不会像海洋生物那样，把卵子和精子排出来，然后就不管了。两栖类（如青蛙、蟾蜍、蝾螈）的繁殖策略类似海洋生物，所以它们繁殖时必须回到水中。所有的陆生植物都属于有胚植物，这点并非巧合。在陆地上，成功繁殖的关键就是亲代必须照顾胚胎。 11

陆地生物将受精卵留在母体的组织内，胚胎发育时受母体保护，不会脱水；这是生物从海洋拓殖到陆地关键的演化步骤。然而，蕨类在有性世代产生的受精卵必须自力更生，繁殖时仍需潮湿的环境。由于我们以回顾的角度审视种子的演化史，接下来的描述很难抗拒“下个步骤”这类的字眼。以现代的眼光回顾过去，这种时间上的优势让人觉得演化遵循特定方向发展。但其实演化并未循着明确的步骤前进，而是徘徊在一个又一个机遇形成的解决方法之间。其中一条路径演化出种子植物；别的路径演化出现今没有种子的植物，例如苔藓和蕨类；还有其他路径则演化出如今已绝种的植物，如鳞木和种子蕨类。

明白这点以后，就可以往下走了。接下来种子演化走上的道路，让植物的“性”无须再依赖潮湿环境。大型、粗壮的植物不再发散雌孢子，而是把雌孢子留在组织里，发展成受到保护的小型性器官。

这点当然对雄孢子不利。雌孢子一旦隐匿起来，精子就必须找别的方法靠近卵子。用游的已经行不通了；既然雄孢子原本就能够以空气传递，所以现在只等雄孢子到达卵子附近后，再从中释放出精子即可。因此，雄孢子转化为花粉粒。

根据化石记录，最早的种子植物出现在泥盆纪，距今约三亿六千万年。最早的种子植物属于裸子植物，现存的物种包括银杏、铁树，以及针叶树。顾名思义，裸子植物的种子并无子房包覆。顺带一提，体操选

手（gymnast）和裸子植物（gymnosperm）具有相同的希腊字根——古
12 希腊的体操选手表演时是裸体的。银杏（*Ginkgo biloba*）是裸子植物的活化石，其繁殖系统依然保留了许多海洋生物的特性，后来演化出有胚植物。

银杏来自一支古老的裸子植物家族，这个家族过去一度兴盛，但现在只有银杏留存下来。在二叠纪的化石沉积中，还可以找到银杏的祖先，距今已有两亿八千万年。银杏最早由一位西方植物学家在中国的寺庙发现，如今世界各地的花圃和公园里都见得到这种植物。银杏的生命力很强，1945 年广岛原子弹爆炸中，有一棵银杏距爆炸中心地点只有 1.1 公里，但仍然幸存下来。[8]银杏对污染的耐受性也很强，纽约市许多街头都种着银杏，不过只种雄树，因为雌树结的种子有一种怪味，像酸掉的奶油。很久以前恐龙以银杏种子为食，一定相当喜欢它特殊的味道，但如今银杏种子只不过是繁殖的媒介，特殊的味道让现代人退避三舍。如果你在春天找到一棵成熟的雌树，就能看到未受精的种子裸露在外，两两成对，在长长的花梗尾端荡啊荡。

银杏的雄树产生花粉粒，由风散播，每一粒花粉中都有尚未发育的精子。当雌树未受精的种子（称为胚珠）准备受粉，胚珠顶端的小孔会分泌一滴黏液。黏液之后将缩回，而风吹来的银杏花粉如果黏在上面，就会一起回到花粉腔里。进入花粉腔的雄细胞尚未成熟，还裹在帮助花粉粒飞行的小浅碟里。现在，尚待成长的精子中，有一名已经和亦待成熟的卵子订下了一门亲事。但雄雌细胞得先成熟，而众多精子间还得上演一场夺偶大战。伊拉斯谟斯曾写过一本书，整本书就是一首长诗，名叫《植物的爱情》（*The Loves of the Plants*），描述植物的性事；

若他当时就晓得订下婚约的小银杏还得经历一场求偶之争，必定会写首 13
诗好好歌颂一番。

花粉抵达后，会刺激胚珠里的雌细胞，使其开始发育。但卵子得花上四个月才能发展成熟，足以受精。[9]而没有受粉的胚珠，其花梗与树枝分开，从而掉落，脱离雌株。此时，雄细胞寄生在已受粉的花粉腔中，用一条管子吸取胚珠的养分，发育成长（这种摄食管在其他种子植物中演化出不同的利用方式，容我稍后描述）。卵子成熟后进入花粉腔，使其充满液体，让胚珠成为小小的海洋。一切就绪，花粉粒便送出两个精子；每个精子外围都有上千条排成螺旋状的鞭毛，精子就由这些不停拍打的鞭毛推动，如鱼雷般前进。谁在精子的赛跑中获胜，谁就能使卵子受精，产生种子。

银杏动力十足的精子于1896年由日本植物学家发现，不久之后，另一位日本植物学家发现铁树的生殖系统和银杏类似，只不过铁树的精子更大，由数万条鞭毛推动。其他的裸子植物则大幅修改海洋的生殖配方，与海洋有关的部分几乎完全消失，改由空气来助一臂之力。松树、云杉等针叶树的花粉粒都有翅膀，能够在空中飞翔。虽然针叶树的胚珠严格来说还是赤裸的，但实际上却由球果的翅瓣保护。胚珠准备好受粉，翅瓣就会打开；受精后，翅瓣就会闭合。胚珠内不再有模拟的海洋，或具备动力的精子，但花粉粒寄生雌株组织时，用以吸取养分的管子则留了下来。到了针叶树以及显花植物，这种管子具备两种用途：一可让雄细胞摄取养分；二可作为管状通道，让精子接触卵子。器官
因某种需要（寄生吸取养分）而演化出来，之后却转而提供另一种用途 14
（输送精子）；这样的例子在演化史上比比皆是。

显花植物的种子由子房包覆，保护得更加万无一失。种子开始发育后，子房就逐渐长成果实。显花植物又称“被子植物”（angiosperm），即“受覆盖的种子”。被子植物的种子不仅受到较完备的保护，其摄取营养的方式也不同。裸子植物由雌株的组织供给食物，一如人类的母亲提供养分给尚未出世的婴儿。被子植物的食物来源则有些奇特，甚至可以说残忍。这个食物来源就是胚乳。

1898 年，俄罗斯植物学家瑟吉·纳瓦斯钦（Sergei Nawaschin）发现，他所研究的花朵胚珠会经历两次受精。被子植物的花粉粒跟银杏一样，有两个精子；但纳瓦斯钦发现，和银杏不同的是，被子植物的两个精子都会交配。其中一个精子进入卵子，孕育胚胎；另一个精子则和漂浮在胚珠里的另一个细胞核结合，从而生出胚乳，成长后供给胚胎养分。有些物种的胚胎在成长过程中就吸取胚乳的养分，例如豆类；而另一些物种则要到种子发芽时才使用胚乳的养分，如禾本类。多数谷类的核仁就是胚乳，像玉米、小麦、稻米等等；所以世界上 60% 的食物其实都来自胚乳。

胚乳之所以独特，是因为它有三个祖先，却没有后代。胚乳的两个祖先是两组来自卵细胞的染色体，再加上第三组来自花粉粒的染色体。这种组合非常奇特，因为就连胚胎本身也只有两组染色体，分别来自精子和卵子。胚乳只不过是储存食物的组织，何以有三组染色体呢？从胚乳暧昧不明的演化起源中，或许可以找到答案。

胚乳的演化可能有三个起源。首先，胚乳可能是从无到有，与被子植物一起演化而来的全新组织。这个起源可能性非常小，因为我们都知道，演化总是就手边有的东西，创造新的用途，每项新发明都有前身。在此胚乳可能有两种前身，其一是胚乳一开始为母方的组织，有两组母方染色体。后来被子植物演化出双重受精，为胚乳带来第三组染色体。是有这种可能，但这个解释造成另一个问题：如果雌细胞只有一组染色体，也可以正常产生和培育卵子，那为什么胚乳一开始就有两组染色体？

其二是，胚乳原本是胚胎，有两组染色体，一组来自卵子，一组来自精子。然后到了某个阶段，来自卵子的染色体增加成为两组。这种情况有些残忍，因为这表示胚乳原本是胚胎的兄弟，发育中的胚胎却寄生在胚乳上。难道状似和平的种子里包藏了兄弟阋墙的秘密？被子植物的种子是不是以自己的手足为食？

借由研究银杏等活化石的种子发展，或许可以找到线索，让我们明白这两种情形哪一种普遍出现在裸子植物，后来又出现在裸子植物演化出的被子植物。银杏没有胚乳组织，和被子植物关系太远，帮不上忙。但是 1995 年，科学家发现麻黄（Ephedra）有双重受精的现象，引起一阵不小的骚动。[10]麻黄是一种生长在沙漠的裸子植物，和被子植物有共同的祖先。麻黄的两个卵子都会受精，孕育两个一模一样的胚胎，都有来自卵子的一组染色体，和来自精子的另一组染色体。两个胚胎里只发育一个，另一个则会退化。植物法官查明此点，大声宣判："有罪！"看来，麻黄和被子植物共同的祖先在双重受精后，必定产生两个胚胎，演化至被子植物时，一个胚胎转化为胚乳。 16

"且慢。"辩护律师说。这只是间接证据。搞不好麻黄和被子植物根本没有共同的祖先呢！讲到犯罪调查，DNA（脱氧核糖核酸）应该是最好的呈堂证供。1999 年，最新 DNA 数据显示，麻黄和被子植物关系可远了。[11]本案不成立！麻黄与胚乳事件根本风马牛不相及。写作本书时，这件事还找不到活生生的证人，要知道，没有胚乳可就没有后来的被子植物。或许在世界某处，还有与被子植物关系相近的古老裸子植物，就像深藏于澳洲山谷的瓦勒迈杉（Wollemi pine），[译4]直到1994年才被发现。不过这样的活化石目前还没出现，或许永远也不会出现。

虽然不能完全肯定，不过胚乳很可能是由失去生殖能力的胚胎变成，牺牲小我，让自己成为手足的食物。如此推想的原因是，在大自然中，照顾后代（像胚乳的任务）和产生后代（像胚胎日后的任务）彼此分工相当常见。[12]社会性昆虫就有好几个例子。例如，蜜蜂中的工蜂为整个蜂群收集食物，哺育女王蜂产下的幼蜂，但本身却不繁殖。女王蜂产卵，但不直接照顾它的后代。乍看之下，这种安排似乎有违达尔文所提的演化原则。如果天择偏向留下最多子代的个体，不具生育能力的阶级如何演化？从定义来看，不具生殖能力的工蜂没有子代，不是吗？

达尔文发现了这个问题，他认为这是整个天择演化理论中最重要的问题，也找出了解答。“这个问题虽然看似无解，但如果我们记得，天择不仅适用于个体，也适用于整个族群，并因此得到期望的结果，那么这个问题就解决了一部分，甚至就我看来已不成问题了。如此，一
17 棵美味的蔬菜经烹煮纵然消灭了个体，但园艺家亦播下同种蔬菜的种子，信心满满地等待收获。”[13]换句话说，亲族的基因若能传递，个体的牺牲或许就有了回报。

译4：瓦勒迈杉属南洋杉科，为世界上最古老罕见的树种，出现于侏罗纪，已有约两亿年的历史。一度以为绝迹，却在1994年于澳洲瓦勒迈国家公园内发现。现存野生数量不到一百株，最古老的一株已达九千万年。台湾的国立自然科学博物馆植物园内也能看得到。

照顾后代者与产生后代者彼此关系愈亲密，演化对自我牺牲的照顾者愈有利。人类与手足间彼此有一半的基因相同，和堂表亲间则有八分之一的基因相同。所以现代演化理论的创始人荷登（J. B. S. Haldane）曾打趣道，他愿意为两个兄弟或八个表兄弟牺牲生命。蜜蜂属于膜翅目，膜翅目昆虫的生殖方式相当独特，改变了巢内个体的关系远近。雄蜂从未受精的卵孵化出来，所以它们没有父亲，体内只有一组来自母亲的染色体。因此，这些雄蜂都产生一模一样的精子，而女王蜂和这些雄蜂交配后产下的雌蜂，也从雄蜂那里得到一模一样的基因。结果，蜂巢里的雌蜂不只像人类一样有一半的基因相同，而是有 3/4 的基因都相同。此外，女王蜂一生只交配一次，所以对巢里的幼蜂来说，哺育它们的工蜂就像“大姐姐”，这些工蜂的基因和每只幼蜂都有 3/4 相同。因为关系相近，所以哺育幼蜂对工蜂有利，能将自己的基因传递给下一代。照荷登的话来说，工蜂应该为 $1\frac{1}{3}$ 只幼蜂牺牲自己。

虽然达尔文不知道蜜蜂科的基因特色，但这种特色证实了达尔文当初对演化直觉的想法是正确的，也就是工蜂演化为不孕，能为其他成员带来好处。本书的主题是种子，继续讨论社会性昆虫有趣的演化细节不在本书范围；然而，社会性昆虫演化原本是达尔文理论的重大挑战，他圆满地解释后，反而成为其理论的无上成就，[14]此番讨论倒也符合本书题旨。 18

上述基因法则说明了何以会演化出不具生育能力的工蜂，同样也能说明何以会演化出胚乳。工蜂架好了演化的舞台，演员也各就各位。时间是被子植物刚出现于地球时。幕布升起，好戏上场了。原先的蜂巢换成植物的胚珠，胚珠内有两粒一模一样的卵子。昆虫飞抵花朵。这只昆虫在植物的舞台戏里只是个跑龙套的角色，不过它会引介出男主角：

花粉粒。花粉粒成长，伸出花粉管进入胚珠，两个一模一样的精子顺着花粉管滑入子房。精子遇上卵子，卵子遇上精子，两个一模一样的胚胎诞生了——第一幕完。

第二幕：两个胚胎在胚珠里。荷登的幽灵登台，念出关键的台词："如果我是胚胎，我会为我的双胞胎手足牺牲生命。"胚珠沼泽一片死寂。究竟哪个胚胎产生后代，哪个胚胎哺育后代？没有人知道。但无论哪个胚胎牺牲自己成全对方，它的基因都会由对方的后代传递下去——幕下。

据此我们可以推测，被子植物的种子经双重受精孕育了两个胚胎，其中较无私的一个成为早期的胚乳，牺牲自己，作为双胞胎手足的食物。不过我们知道，事情到这里还没结束，因为到了被子植物演化的某个时间点，慷慨无私的胚乳从母方获得另一组染色体。原本胚乳中母方和父方的基因比是1∶1（母方一∶父方一，1m∶1p），现在成了2∶1（母方二∶父方一，2m∶1p）。这是怎么发生的？我们一样可以从自私的基因找到答案。

想象一下演化出胚乳后的剧情。果实内两粒种子正在发育。第一粒种子逐渐膨胀，竭尽所能吸收母体的养分。第二粒种子也是。两粒种子应该分享养分，还是互相竞争？谁来决定每粒种子能分到多少养分？我
19 们可以从两个不同的观点回答这个问题，一是从母亲的观点，二是从父亲的观点。从母方来看，每粒种子都有她一半的基因，没必要偏袒其中一个。只要每粒种子都能得到足够的养分，多生几个种子，比把所有资源投入一个巨无霸种子要好得多。把所有鸡蛋放在同一个篮子里是很不明智的，早在人类发明这个隐喻来描述风险之前，演化就明白这个道

理了。所以，就母方而言，养分应该平均分配给每个种子。

从父亲的角度看，事情就大不相同了。一株植物的种子都来自同一位母亲，但未必来自同一位父亲。因此，从父亲的观点，把资源平均分配给每颗种子，不会提高个别父亲对后代的基因贡献；实际上刚好相反，把资源拱手让给其他种子，等种子萌发出芽，对光线和养分的竞争会更加激烈。父母与种子的亲缘关系不同，使母亲和父亲间发生利益冲突。[15]对父亲来说，用他的基因为他的后代攫取所有资源，对他最有利；不过对母亲来说，将有限资源分配给所有种子，对她最有利。这场冲突该如何化解？

在这场资源分配的冲突中，胚乳扮演关键性的调解角色，因为母体借由胚乳输送营养，储存食物，以哺育胚胎。1m：1p 的胚乳，竞争中的性别成分均等，每组染色体各贡献一个性别成分。2m：1p 的胚乳，母方以两倍的基因火力胜出，夺得基因控制权。2m：1p 为母方带来更多种子，增加母方对后代基因的贡献，这大抵就是天择偏好 2m：1p 胚
乳的原因，也因此显花植物的胚乳大都是 2m：1p。[16] 20

每包看似天真无邪的爆米花里，其实都暗藏了父母的冲突。如果你一时难以适应这个概念，一定想看些证据。最有利的证据来自实验，借由操弄父母双方相对的基因比率，会影响种子得到的资源。[17]科学家以玉米进行基因实验，改变胚乳中母方和父方原本 2：1 的基因比率。如果由于演化偏好，最初 1m：1p 的比率演化成如今常见的 2m：1p 后，双倍的母方基因使种子变小，那进一步增加母方的基因应该可以让玉米的核仁变得更小。经实验发现果然如此。多了一份母方染色体，使胚乳基因比率成为 3m：1p 后，结出的种子比一般还要小。

若改为 4m ∶ 2p，恢复实际上 2m ∶ 1p 的比率后，核仁又回复至正常大小。由此可见，重要的是父母的染色体比率要平衡，而不是实际的染色体数目。

母方和父方对胚乳有不同的影响，这个概念也进一步由其他实验证实。实验发现，在玉米的某个染色体上，有个基因控制正常胚乳生长。[18]这个基因卵子和精子都有，但只有遗传自父亲的基因才会起作用，产生正常大小的胚乳，在卵子上的同一个基因似乎是关闭的。这更加证实了，在基因上，父母为养分怎么分配给种子有过纷争。性既为夫妻带来幸福，也带来婚姻中的纷争，但无论怎么说，一切还是离不开性。性无所不在，就连小豆子也不例外。

3

连小豆子也做：性

鸟儿做，

蜜蜂做，

学过把戏的跳蚤做……

听说在波士顿，连小豆子也会做…… 21

——寇尔·波特（Cole Porter）*

种子从性而来。性的本质就是基因在个体间互换，其他种种，诸如雄性雌性、种子精子、雌蕊雄蕊、礼物鲜花，相较之下都不过是附带品，是演化闲工夫太多搞出来的累赘。个体间交换DNA是演化的重要突破，很早就出现在生命发展史上，当时雄性与雌性的角色甚至还没演化出来。[1] 由于DNA交换如此源远流长，因此几乎所有后来发展出的生命都有性行为。我们的老祖宗有性，所以我们也有性，也正因为老祖宗有性，才会有我们。究竟“性”这种繁殖方式为什么如此成功呢？几乎打从生命的开端，性就不曾消失，这又是为什么？真叫人百思不解。 22

* 20世纪上半叶美国作词、作曲家，以撰写复杂而淫秽的歌词闻名，章首歌词摘自“Let’s Do It”一曲。

性的演化之所以叫人困惑，是因为乍看之下，以性行为将基因传给后代是很没有效率的方式，如果你只是事不关己地在一旁观察，那更是如此。如果无性生殖可以让每个小孩都变成你的缩小版，为什么还要找一位配偶来共同繁衍子嗣，导致你的基因只有一半可以传世？有性生殖就好像赌轮盘，每次转轮盘，玩家都可以下一半的赌注。所有玩家都要守规则，这个赌法才能成功。尽管这种赌法好像有缺陷，报酬却不少。为什么无性生殖作弊还输了，有性生殖却赢了？

几乎所有的动物都和植物一样，行有性生殖，所以“性”的问题不限于植物。不过植物和动物不同，大多数植物既行有性生殖，也能以无性的方式繁衍；所以植物保留了“性”，看来特别奇怪。如果草莓用匍匐茎就能长得很好，为什么还要结种子和果实？

古人并不晓得植物行有性繁殖，也不知道花就是为了繁殖之用。古希腊和罗马的哲学家羞于谈论植物的性，即使谈论也是遮遮掩掩。古希腊哲学家泰奥弗拉斯托斯（Theophrastus）在他的著作中，谈过枣椰树有雄性与雌性，但是从他十八巨册的植物丛书里，找不到蛛丝马迹证明他相信多数的植物有性行为。[(2)]罗马诗人奥维德（Ovid）曾以韵文写过一本性手册《爱的技巧》（*The Art of Love*〔*Ars amatoria*〕），结果害他在奥古斯都大帝（Emperor Augustus）肃清运动中惨遭流放。[(3)]奥维德为了昭雪冤屈，同时表明自己宗教立场正确，遂结合许多神话故事，写出《变形记》（*Metamorphoses*），成为他如今最为人熟知的作品。作品讲述天神惩罚犯错的神仙和凡人，把他们变成其他的东西。如果神爱慕
23 的对象没有响应，它常会把对方变成植物，以作为惩罚，而当时的人认为植物是无性的。这种下流报复的背后，其实是“如果我不能拥有你，

别人也不能！”的人性。

那喀索斯（Narcissus）就是这样，因为过于自恋，拒绝了山林女神艾寇（Echo）的追求，才溺毙在水里成为水仙花。不过奥维德和艾寇大概都不知道，黄水仙（水仙属〔*Narcissus*〕）的性生活可是多彩多姿，从那惹眼的花就看得出来；(4) 把它放在奥维德《爱的技巧》这本书里可谓相得益彰。多亏了不讲神的科学，我们知道那喀索斯化身的水仙花才是最后赢家。而海辛瑟斯（Hyacinthus）同时获得太阳神阿波罗（Apollo）和风神泽费罗斯（Zephyrus）的爱慕，但在争夺中不幸成了无辜的受害者。海辛瑟斯因这段纠结的三角恋死去，流淌一地的鲜血中开出了一朵花，以他的名字命名。海辛瑟斯死时或许仍是处子，但他化身的风信子（即 Hyacinthus）结的种子却多不胜数。

男女通吃的阿波罗也曾看上美女黛芬妮（Daphne）。她惊慌而逃，“就像羊羔逃离野狼，野鹿奔离狮子，鸽子飞离老鹰”。* 阿波罗满腔爱火，紧追不舍；黛芬妮感到阿波罗火热的气息拂上她的后颈，于是向父亲河神珀纽斯（Peneus）呼喊，求他拿走自己的美貌，救她脱离阿波罗的爱火。珀纽斯答应了黛芬妮的请求，于是黛芬妮变成一棵庄严的月桂树。你日后若闻到瑞香（*Daphne odora*）的香气，看到昆虫替精巧的粉红色瑞香花传粉，别忘了追思美丽的黛芬妮。

奥维德在《爱的技巧》中给年轻的爱侣各式各样的建议，包括罗马最棒的猎艳地点。有些人推荐草药制的催情剂，不过奥维德劝大家不必在这上面花费心力：

* 引自奥维德《变形记》（Oxford, 2009）Book 1“Apollo and Daphne”一篇。

没有药品或草药真能满足你的欲望，
我敢说它们对爱情全都有害。
胡椒和荨麻子共冶一炉，
24 鼠尾草浸于美酒佳酿：
强加的欢娱让爱神退避，
强取的欲火玷污爱的仪式。[5]

接着，奥维德下了结论：“青春貌美便无须催情剂。”在他看来，植物既无性，亦无催情之效。

欧洲直到17世纪启蒙运动初期，才开始对植物和动物的有性生殖做科学探讨。打头阵的是发现人体血液循环的威廉·哈维（William Harvey），1651年，他在《生殖论》（*Treatise on Generation*）中揭示一项原则，即所有的生命都来自卵子（*Omne vivum ex ovo*）。1676年，身兼医生与植物学家的纳希米·葛罗（Nehemiah Grew）在英国皇家学会就花的解剖构造发表演讲，指出雄蕊是植物精子的来源。进一步观察植物构造后，葛罗在1683年发表一篇文章，文中提及“真正的种子乃胚胎”。[6]

不久之后，花朵的性功能便由实验证实了。1694年，德国植物学家鲁道夫·卡美拉尼斯（Rudolf Jakob Camerarius）发表《植物的性》（*Letter on Plant Sex*〔*Epistola de sexu Plantarum*〕），提到如果移除玉米须，玉米便不会结实。此类研究的量化实验大概由詹姆斯·洛根（James Logan）首先进行。洛根是当时的首席法官及宾州总督，1735年他从费城寄了一封信给英国皇家科学会的研究员，信里记录了他做的实验，此信后来以“植物种子受孕的相关实验”（Some Experiments concerning the Impregnation of Seeds of Plants）名称发表。实验中，他分别从玉米穗上移除 1/2、1/4、1/8 的玉米须，结果穗轴减少的种子恰恰就是相应的 1/2、1/4、1/8。[7]

1728 年末，卡尔·林奈（Carl Linnaeus）进入瑞典乌普萨拉大学（Uppsala University）。当时明白花朵有性别的人还不多。林奈阅读了许
多这方面的著作，把心得写在一篇文章里，献给教授作为新年贺礼，时 25
为 1730 年。当时学生多用韵文来写新年祝贺，但林奈写道：“我生来不是诗人，比较像植物学家；谨此献上今年主赐予我的小小食粮所长出的果……我在简短的篇幅中，主要探讨动物与植物间重要的相似之处，即两者以类似的方式繁衍。”[8]他又接着说：

> 花瓣本身对繁衍并无贡献，只是新婚的床，造物主将其布置得如此美丽，加以珍贵的帷幔装饰，添上甜美的香气，好让新郎和新娘在此举行婚礼，隆重而庄严。新床布置停当，新郎将新娘拥入怀中，两情缱绻……看哪，花朵挣脱萼片，由蓓蕾中绽放！再看，植物的生长、形态与外观，有千处相同，又有千处相异！……诗人所言不假，各种植物从神明不朽的生命中萌发。[9]

花朵生殖器官间“相同与相异”之处，遂成为林奈植物分类的依据，收录于《自然系统》（*Systema Natura*）一书中。此书于 1735 年首次出版，内容涵盖动物与植物，第一版原仅 14 页，因大受欢迎不停扩充，三十余年后的第 12 版已扩充成三册，共 2300 页。在英国，伊拉斯谟斯

以充满诗意的手法诠释林奈的著作，更名为《植物的爱情》，于1789年出版，销路极佳。

26 时至今日，世人所记得林奈的贡献，乃是将生物分类变成一门精确的科学，采双命名法以利科学命名物种，以及他所命名的数不清的物种；而他以植物性器官为依据的分类法，反倒没有流传下来。在确认植物的演化关系之前，植物学家就已发现林奈的分类法不能如实反映植物彼此的自然关系。有趣的是，人称“植物学王子”的林奈，对动物的分类反而比较正确，知道鲸鱼和蝙蝠是哺乳动物，人类属于灵长类。

18世纪中，虽然植物有性别一事已经确立，但世人对卵子和精子在产生胚胎时分别扮演何种角色，依旧争论不休。有一段时间分成两派阵营，一派持“卵源说”，认为精子只是刺激卵子产生胚胎，没有实质的遗传贡献。1727年，亨利·贝克（Henry Baker）以一段韵文精妙地表达这个论点：

种子里有植物，这植物又有
别的种子，里头藏着另一些植物：
另一些植物又全有自己的种子，种子中
又包含更多植物，连绵不绝。
如此，每一颗我们找到的浆果中，
确实，都有一整座果园……

另一派则持“精源说”，此阵营中最著名的人士乃荷兰博物学家雷文霍克（Antoni van Leeuwenhoek），他最早从显微镜下观察到精子。[10]

精源论者认为胚胎其实是由精子带来的，卵子只是胚胎的容器，负责哺育胚胎。这种想法可追溯到古希腊。在埃斯库罗斯（Aeschylus）[译1]所著的《复仇三女神》（*The Eumenides*）中，俄瑞斯忒斯（Orestes）[译2]被控弑母，太阳神阿波罗为其辩护，信誓旦旦地说："妈妈不是孩子的母亲，只是照顾这个新播的种子。播种的男人才是'母亲'。妈妈只不过养育这个幼苗。" 27

荷兰人尼古拉·哈特索克（Nicolas Hartsoeker）也是位精源论者，他说精子前端藏有一个蜷缩起来的迷你人，还画了一张迷你人图，在1694年发表。精源说就和精子一样，存活的时间不长；植物学中也有类似的花粉论，存在的时间就比较久。支持花粉论的人中有位约翰·希尔爵士（Sir John Hill）[译3]，他是个奇人，身兼草药学家、医生、报纸撰稿人（文章常见报）、科学文章译者、剧本作家、天文学家、地理学家、显微镜学家、植物学家、演员，可能还以假名写了一本《葛拉斯太太的食谱》（*Mrs. Glasse's Cookery*）。也只有18世纪的伦敦会出这样的奇人。尽管他极好学，却从不放过任何和名人抬杠的机会，这种脾性让世人忽略了他的成就。他特别喜欢攻击和他交恶的朋友，像是演员兼剧院经理戴维·葛利克（David Garrick），希尔昔日曾替他看过病，帮他写过

译1：古希腊三大悲剧诗人之一，剧作内容强调善恶终有报，代表作为《奥瑞斯提亚》（*The Oresteia*），思考血债血偿背后的正义困境。后获世人公认为希腊戏剧之父。

译2：希腊神话中，俄瑞斯忒斯的父亲是特洛伊战争中希腊联军的将领阿加曼侬（Agamemnon）。阿加曼侬为求得胜，将女儿献给海神做祭品；于是，俄瑞斯忒斯的母亲克吕泰涅斯特拉（Clytemnestra）在战争结束后，和情人合力杀害阿加曼侬。俄瑞斯忒斯受阿波罗鼓动，弑母为父报仇。

译3：约翰·希尔（1716—1775），英国作家、植物学家，因《植物系统》受封瑞典爵士。

剧本。葛利克曾给希尔写了一封信：

汝乃羊蹄菜、鹿子草、鼠尾草，
现世的无赖，当代的瘟生；
对你劣行恶迹最重的处罚
莫过让你服自己所开之药，读自己所写之诗。[11]

希尔一生中写了76本书，其中有一部称为《植物系统》(*The Vegetable System*)，共26册，包含1600幅铜版画。希尔在书中表达了他的花粉论观点，认为胚胎来自花粉粒，而种子只是胚胎的容器；当然，在这点上，他和卵源论者都没说对。话说回来，谁要有希尔的一半成就，不像他那么自恃，老是冒犯别人，一定能获选为英国皇家科学会的研究员。希尔也有对的时候，但没有人相信他。他写了许多讽刺作品揶揄皇家科学会研究员，就像他一贯的作风，于是得罪了皇家科学会。其中一篇叫“无染怀孕”(Pregnancy without intercourse〔*Lucine sine*
28 *concubitu*〕)，“谨寄给皇家科学会”。信中阐明，“诸般无可辩驳的证据，无论得自理论或实例，皆证明女子即令未与男子敦伦，亦能怀胎与生育”。[12]

从希尔和皇家科学会彼此看不顺眼那时起，两百五十年来，各领域的科学都有了不起的发现，相形之下，却没有几个了不起的科学家，至少可以说没有写出什么了不起的著作。有一次我读到期刊审查员私底下写给编辑的信，信上说有篇论文是九个作者合写的，只花了三天做田野观察就写出来了。九个作者里“有一半都待在乡村酒吧，整天狂饮，眼睛往当地农夫妙龄女儿的胸部乱瞟”。这真是二十年来我看过最好笑的审查函了。我可不能说这封信是谁写的，否则写信的人要是去了不该去的酒吧，有人找他麻烦，那可是九个对一个，我会良心不安的。

既然不能再写18世纪希尔那种粗鲁的嘲讽作品，只好将就些，看看21世纪的讽刺事迹了。现在我们知道有些植物真的可以不和雄性“敦伦”就能“怀孕”，这点的确讽刺。更讽刺的是，有些植物甚至真如精源论所说，只需精子就能产生胚胎——不过精子里没有迷你人就是了。所以我们能就此断言皇家科学会和希尔谁是谁非吗？也不尽然。

凭良心讲，也只有一种植物符合精源说，用科学术语来讲，也就是
行“雄核生殖”（androgenesis），即由雄性来生殖。雄核生殖的表现直
到最近才在一种稀有的撒哈拉柏木（Cupressus dupreziana）上发现。[13]
撒哈拉柏木极度濒危，整个物种只残存约230株，散布于阿尔及利亚
境内撒哈拉沙漠的数个绿洲。世人先是发现撒哈拉柏木花粉粒的精细
胞有两组染色体，不像一般精细胞只有一组。将种子做基因鉴定，显示
胚胎和产生胚胎的柏树之间似乎没有基因关系。原来，撒哈拉柏木的 29
胚胎全是父亲基因的复制品，和结了胚胎的母树毫无基因关联。这完
全就是埃斯库罗斯描述的情况：“妈妈不是孩子的母亲，只是照顾这个
新播的种子。播种的男人才是‘母亲’。妈妈只不过养育这个幼苗。”而
撒哈拉柏木的这种生殖特性，造成的结果也相当符合希腊悲剧。

以撒哈拉柏木的花粉为另一种柏木授精，所生的子代并不像一般人所想为两种柏木的混种，而是一株完全一样的小撒哈拉柏木。[14]这是植物界的第一起代理孕母事例。撒哈拉柏木不知怎地就是能把子房里卵子的母方染色体给挤掉，让胚胎成为父亲的复制品。这叫遗传寄生，不

像“代理孕母”这个词还隐含了慈爱之义，反而比较像非法盗版。

我们不禁要猜想，撒哈拉柏木如此稀少，或许和它独特的生殖特性有关，这种生殖特性也影响到撒哈拉柏木的未来。只有10%的撒哈拉柏木种子含有具生长力的胚胎。纵然有些花粉粒精细胞的染色体是正常细胞的两倍，能行雄核生殖产生胚胎，但有些花粉粒有其他异常，因而不孕。[15]没有正常的精细胞，也就没有正常的种子。

撒哈拉柏木能否只靠雄核生殖存续呢？如果撒哈拉柏木的原生栖地有其他柏木当代理孕母，撒哈拉柏木就能当沙漠里的杜鹃鸟，让其他物种替它养育后代，从而存续下来；可惜它的原生栖地中并没有其
30 他柏木。如此一来，撒哈拉柏木能独自存在多久？撒哈拉柏木就像其他针叶树，同一棵树上有雄球果也有雌球果，但结球果很耗养分，所以必须在两种性别的球果间取舍；如果雌球果结得少，雄球果就能多结一些。

由于撒哈拉柏木只行雄核生殖，几代以后演化会极度偏好产生较多雄球果、较少雌球果的树。雌球果出现频率下降，也会使种子数减少，让整个族群逐渐走上绝种之路。[16]确实，这个树种或许已知自己只剩最后挣扎，不过人类砍伐撒哈拉柏木作为柴火，倒帮忙推了一把。

如果希尔死而复生，我们可以告诉他雄核生殖的现象，虽然单单撒哈拉柏木的例子不能证明他所说的都对，但以这即将消逝的柏木制棺，倒也能追赠他些许应得的荣耀。这件讽刺的事或许还能逗希尔开心，毕竟他是葛利克剧院的常客，对莎士比亚《第十二夜》（*Twelfth Night*）里的丑角之歌应该很熟悉：

过来吧，过来吧，死神！

让我横陈在凄凉的柏棺中央；

飞去吧，飞去吧，浮生！

我被害于一个狠心的美貌姑娘。[(17)][(译 4)]

可怜的撒哈拉柏木也快死了，不过不是为狠心的姑娘所杀，而是为自私的基因所害。你或许会好奇，演化不是偏好通过物竞天择的考验而生存下来的生物吗？为什么会让一个物种濒临毁灭？这么问是因为演化有个基本原则：天择是基于个体的利益而运作，而非基于整个物种的利益运作。一个特质如果能增加个体留存下来的后代，多半也会相 31
应增加或保持群体的个数。所以演化竟会降低个体数，威胁物种存续，这个概念对我们来说相当陌生，也违反我们的直觉。不过撒哈拉柏木的处境相当不寻常，极可能因演化而灭绝，甚至可以说一定会因为演化而灭绝。

问题就出在雄核生殖产生的子代全都来自花粉。虽然要有胚珠才能产生种子，但是胚珠并不会将这棵树的基因传递下去。尽管针叶树像大多数的植物一样雌雄同体，同时有雄性和雌性器官，但并不行自花授粉。因此，如果族群中多半采雄核生殖，结雌球果的树无法增加带有自身基因的后代数目，只有能制造花粉的雄球果可以带来更多后代，所以有助结雄球果的基因都会流传下来。又因为雌雄球果无法兼顾，多结雄球果势必就得少结雌球果。雌球果愈少，种子愈少，新的树木也就愈少。

译 4：译文摘自朱生豪译《第十二夜》，第 70 页，台北：世界书局，1996。

撒哈拉柏木的处境让我们感到陌生还有一个原因，那就是像我们这种社会性动物自有一套方法避免上述窘境，不会像自私的撒哈拉柏木一样，濒临绝种的命运。社会性动物从事扶养别人的小孩等看似利他的行为，可以获得回报，换来友好的互惠行为。这种策略叫做“你帮我搔背，我也帮你搔背”。可惜撒哈拉柏木没有社会体系，没办法说“我结雌球果来养你的花粉，你也结雌球果来养我的花粉”。这种策略符合天择的进行方式，能拯救撒哈拉柏木；有些雌雄同体的鱼类就这么做。

在演化上，没有雌性，雄性就无法存续，但全雌性的群体却可
32 以顺利繁衍。事实上，许多植物结的种子都不会受精。西洋蒲公英（*Taraxacum officinale*）中有些族群便以无性方式产生种子，黑莓（悬钩子属〔*Rubus* spp.〕）、白面子树（花楸属〔*Sorbus* spp.〕）、山楂（山楂属〔*Crataegus* spp.〕）等诸多其他植物亦然。以无性方式产生种子称为“无融合生殖”（apomixis），产生的种子有两组染色体，这两组染色体不像一般种子分别来自父方和母方，而是皆来自母方。此外，有些无融合生殖的植物需要花粉来刺激种子生长，不过精子并未将基因遗传给种子，这种现象真把植物学家都搞混了。

无融合生殖产生的种子基因和母方完全一样，所以你可能会想象所有的蒲公英群体在基因上一模一样，但其实这种情况相当少见。蒲公英似乎偶尔会行有性生殖，产生新的个体，这些个体再生出许多一模一样的复制品。有时，整个物种仿佛都是同一个无融合生殖的复制品，就像北欧原生的黑莓（*Rubus Nessensis*）[18]，不过这种情况非常罕见。不知道为什么，即使是行无融合生殖的植物也未完全摒弃有性生殖。

无融合生殖的现象显示演化一再想打破植物有“性”的常态，但

演化从未完全得逞。如果想以无性的方式繁殖，雄核生殖很显然没什么希望；但是既然植物不靠花粉也能繁殖，为什么无融合生殖不是最常见的生殖方式呢？观察能够行无性与有性生殖的植物族群（如草莓），检验其基因组成，或许能发现植物的无性生殖究竟出了什么问题。你会问，既然这些植物有两种选择，在什么特殊的环境或特定的情况下，植物会偏好无性生殖，而不行有性生殖？

但首先，我们怎么知道植物族群主要来自有性生殖，还是无性复 33
制呢？关键就是个体独特的基因特征，也就是遗传型（genotype）。有性生殖的后代彼此的遗传型不同，而由无性复制产生的个体彼此基因则完全相同。如果从一个族群抽取一百个样本，所有样本的遗传型都不同，则每个样本必定来自各不相同、经有性生殖产生的种子。反之，如果一百个抽样的植物遗传型都相同，这个族群必定出于无性（复制）生殖。如果相同的遗传型数目介于零到一百，表示此族群混合了有性与无性生殖。大自然中的形态究竟如何呢？

许多研究都曾探讨既能行有性生殖、又能行无性生殖植物的基因组成；我检视了数百份这类研究，结果发现形态极为清楚。[19]首先，在陆生植物中，只含有单一遗传型的族群非常少见，大都是稀有或濒危物种。只有一种遗传型表示这种植物的繁衍并不靠有性生殖。稀有或濒危植物由于族群内个数不多，只得近亲繁殖，使种子的数量下降。因此，一个物种之所以数量稀少，很可能是因为它们在有性生殖方面并不成功，只好用腋芽繁殖（reproduce by suckers）或其他营养繁殖的方式（vegetative means）求生存。换句话说，濒危植物之所以依赖无性生殖，并非由于擅长无性生殖，而是因为做不好有性生殖。

然而，水生植物的情况又不同了，只行无性生殖的情况相当常见。或许是因为水可以把营养器官带得很远，这些营养器官之后便以无性的方式大量繁衍。在陆上，营养器官不易分散，所以种子才肩负重任，生了翅膀，带了降落伞，或借了动物之助，远远散播出去。种子多由有
34 性生殖而来，由于散播力强，因此即使是刚形成的陆生族群，也具有多种遗传型。

还有一种植物比其他植物更仰赖无性生殖，那就是外来植物。无性生殖不需配偶就能繁衍，外来植物借此更能入侵非原生地生长。虎杖（*Reynoutria japonica*）就是个好例子。在英国、欧洲大陆以及美国，所有外来的虎杖族群都是同一个无性生殖的复制体！[20]蒲公英和黑莓的种子都来自无融合生殖。这种种子从有性生殖的种子演化而来，并且就像有性生殖的种子一样，能借外力分散至四处，自然也能在各处产生新的族群，而这些无性族群内的遗传型，则比有性生殖的要少。但如前所述，无融合生殖植物有时也会进行有性生殖，所以就算是蒲公英，族群里多半不会只有一种遗传型。无融合生殖在物种分布的边缘特别常见，这多半也是因为有性生殖失败，才造成不利的情境。

总的来说，从上述这些型态，可知无性生殖多半出现在罕见、外来的水生植物中，而这种植物的栖地多半处于地理环境边缘。虽然没有一种植物完全符合以上这些特征，毕竟适应良好的外来物种从定义上来说就不会是罕见植物，不过这些描述显示，无性生殖只在极为特殊的生态情境下才能成功。由此更强化了一个讯息，也就是“性”才是真正的成功。为什么呢？

科学家设想了许多理论，企图解释何以“性”在生命的轮盘赌赛

中，克服了显而易见的缺陷。然而，其中多数的理论都不够全面，无法解释为何性无所不在。有些科学家因此打消念头，认为没有一个普适性的理论能解释性的演化，进而相信这个问题一定有各种不同的解释。本书写作之际，各方对解答仍无共识，不过各种证据似乎指向两条可能的理论。有趣的是，其中一条理论基本上和诺贝尔获得者托马斯·亨 35
特·摩尔根（Thomas Hunt Morgan）在 1913 年对此议题首次提出的解释相同。[21]他在纽约哥伦比亚大学发表演讲，探讨性的演化时，提出了他的看法。

在摩尔根发表演讲的年代，“基因”一词仍不普遍，不过以现在的话来讲，摩尔根认为，有性生殖之所以较无性生殖具有优势，是因为有性生殖的后代继承了对生存有利的基因，这些基因从祖先系谱代代累积下来；反之，无性生殖所获得的不过是母方的基因。经由天择，对生存有利的基因突变保留了下来，一代代累积下去。[22]这些基因能透过有性生殖，与其他有利生存的突变结合，加倍凝聚在后代子孙身上。有性生殖的后代有一对父母，四位祖父母，八位曾祖父母，十六位高祖父母，如此追溯至上古。这种网状的祖先系谱不断延伸，就像深不可测的漏斗，过去曾出现的有利基因透过漏斗集中起来，灌注到最近的世代身上。而连接起祖先的就是“性”。

如果没有“性”，就无法汇聚有利的基因，灌注在每个初降生的世代。无性生殖的后代没有网状的祖先群，只有单一系群，就像一模一样的复制品排成一路纵列，由过去延伸至今。它们只有一位母亲，一位祖母，一位曾祖母，回溯到久远以前，其祖先第一次从“性”这种古老的习性开溜。短期内无性生殖的确能枝繁叶茂，而且就像虎杖一样，无性

生殖的确能广泛散播；但是如此一来，却缺少了演化需要的原料：基因
36 变异。没有基因变异，演化就停滞不前，迟早有一天，环境改变，植物也须改变以适应环境，但无性生殖的族群就是无法改变。

对无性生殖族群来说，最致命的大概是病虫害。1970 年代，一种由榆木甲虫传染的真菌，让整个欧洲和北美的榆树大片死亡。造成传染病的真菌是种新的菌株，可能是进口木材带进来的。有些榆木受害特别深，显示物种间基因差异和是否容易染病有绝大的关系。在英国，感染最严重的物种是英国榆木（*Ulmus procera*）。英国榆木一直以来都很神秘，因为这种树从不产生种子，只由匍匐茎繁殖。近来一份基因分析发现，英国榆木整个物种竟然都以无性繁殖复制自同一株植物。两千年前，罗马人将榆木带到英国，以插枝法（cuttings）繁殖，用来做葡萄园中爬藤的支架，这就是英国榆木的由来。[(23)] 因为英国榆木全都是由复制而来，所以没有基因变异抵抗榆木疾病，整个物种几乎全数消灭。

性演化的第二个理论，则和第一个理论互补，看起来很可能也是个具有普适性的解答。摩尔根的理论指出，无性生殖个体无法遗传对生存有利、长期累积的基因变异，因为这些个体的基因只有单一系群，孤离于其他系群，使无性生殖的个体无法演化与适应环境。穆勒（H. J. Muller）[(译 5)] 在 1964 年提出第二个理论，指出基因孤离（genetic isolation）表示有害的变异也会在同一个复制系群中累积。[(24)] 在有性生殖族群中，基因变异特别严重的个体可以经由天择淘汰，让没有畸形的后代维持品系。然而，在无性生殖族群里，聚积大量变异的个体有许多

译 5：1946 年诺贝尔医学奖得主，发现 X 光会诱发基因突变。

复制品，要扫除有害的基因，天择无法只淘汰几个特别畸形的个体——整个复制系群都得淘汰。 37

事实上，生死并非总由天择掌控，有时也由机遇造成的事件决定。有害突变不多的复制系群偶尔也会死亡，剩下的族群里，有害突变平均数目便因此上升。无性生殖族群中，基因突变不停累积，这个过程叫做“穆勒棘轮”（muller’s ratchet），因为就像棘轮只能朝一个方向转动，愈转愈紧，突变的累积也只有一个方向——愈积愈多。

于是，一旦族群开始以无性方式繁殖，就像踏上滑溜的斜坡无法停止，有害的突变累积到一定程度，最终可能使族群失去有性生殖的能力。这种情况可能就发生在北美的水生植物千屈菜（*Decodon verticillatus*）上，其栖地边缘的几个族群都失去有性生殖的能力。[25]千屈菜的例子很特殊，似乎借由天择帮助而采用无性生殖，因为比起行有性生殖的族群，营养繁殖的后代在不行有性生殖的族群中更能蓬勃生长。如果植物必须适应气候区边缘的环境，无法产生太多种子，而必须在有性与无性生殖间取舍，那么该族群将偏好无性生殖。

虽然我们有望为性的演化找到普适性的解答，但性的演化对很多人来说依旧迷人又神秘，对喜欢植物的人来说更是如此。植物产生种子的方式多彩多姿，其花样不下《性爱圣经》（*The Joy of Sex*）所提，与《印度爱经》（*Kama Sutra*）里包含的各式体位相较，亦不遑多让。如诗人怀特（E. B. White, 1899—1985）所说：“在种子之前，繁花浮现脑际。”接下来我们就来欣赏一些迷人的花朵。

4

种子之前：授粉

在种子之前，繁花浮现脑际。[*] 39

——E.B. 怀特（E. B. White）

福尔摩斯的助手华生医生是这么描述福尔摩斯的：福尔摩斯以最严谨的科学精神进行犯罪侦查，观察力可谓神乎其技。他可以从一个人外表最微小的细节，拼凑出对方的职业，推论他最近到过的地方，甚至刺探出对方的秘密身份。就此来看，在“海军协议”（The Naval Treaty）这篇故事里，福尔摩斯因为瞥见窗外的牡丹花丛，突生遐想，中断了原本的推理，则显得相当奇怪。他说：“在我看来，上苍的美德就藏在花朵中。其他的事物，诸如我们的力量、我们的欲望、我们的食物，原都是维生所需；但牡丹是额外的。它的香味、它的色彩，只是人生的点缀，而非必要条件。只有上苍会给我们额外的东西，所以我再说一次，花朵可以带给我们许多期盼。”

华生写道，福尔摩斯的客户耐心地听着他发表高论，显然希望他能 40
有点实际的帮助。这些客户“在福尔摩斯解说示范时诧异地看着他，失

* 摘自 To My American Gardener, With Love 一诗，此诗为怀特赠妻之作。

望之情溢于言表。福尔摩斯手上夹着那朵松叶牡丹，陷入沉思。几分钟以后，年轻的女士（客户）出声打破寂静。‘您觉得有希望破案吗，福尔摩斯先生？’她问，声音略显尖刻。”

不消说，福尔摩斯最后解开了谜团。不过他认为花朵对生命来说只是没有意义的额外之物，这点可就大错特错。这样不具慧眼真不像福尔摩斯，叫人失望。“海军协议”1893年首次于《岸滨杂志》（*Strand*）发表，福尔摩斯对花朵过时的观点出现在这篇故事里。一直以来，证据显示这样的观点与事实不符，花朵其实是有利交配的装饰，能帮助授粉。[1]

达尔文是个理性分子，他的本领比起小说中的福尔摩斯可谓不遑多让。达尔文在1876年所出版的《植物王国异花授粉与自花授粉的作用》（*The Effects of Cross and Self-fertilization in the Vegetable Kingdom*）一书中，表示“许多重要证据表明，多数植物之所以有花朵的构造，是为了偶尔接受或固定接受其他花朵的花粉，进行异花授粉”，并且“为产生种子和繁衍物种方演化出花朵”。[2]达尔文对兰花特别着迷。天择塑造出耀眼的兰花，有各种极端的形状和特殊的大小，却都是为了产生不起眼的小种子，小到几乎和“蕨类的种子”一样看不见。

达尔文就像福尔摩斯一样，做过许多了不起的推论，其中最厉害的是一个预言。大彗星兰（*Angraecum sesquipedale*）原生于马达加斯加，而替大彗星兰授粉的昆虫会长什么样，早在实际发现这种昆虫四十年以前，达尔文就预测到了。大彗星兰的种名（即*sesquipedale*）在拉
41 丁文中意为“一英尺半”，[译1]在钓客眼里，大彗星兰一英尺长的花蜜

译1：约为四十五公分。

管，夸张地说，就像在花的后面吊了条鳕鱼一样。达尔文在《兰花的授粉》（*The Various Contrivances by Which Orchids Are Fertilized by Insects*）一书中详细描述道：

> 从贝特曼（Bateman）先生送来的花里，我发现一种有11.5英寸长的花蜜管，只有管末1.5英寸有花蜜。花蜜管的长度如此不成比例，其用意何在？我想，我们应该明白此植物受精全赖这细长的花蜜管，以及只藏在花蜜管窄缩底端的花蜜。真没想到，竟有昆虫有办法取得这些花蜜……在马达加斯加，必定有种飞蛾的嘴器能伸长到10至11英寸！有些昆虫学家还嘲笑我这个想法。[3]

在《四个人的签名》（*The Sign of Four*）里，福尔摩斯对华生说了一句名言："我告诉你多少次了，如果你把所有不可能的选项都去掉，剩下来的，无论看来多么不可思议，一定就是真相。"1903年，果然在马达加斯加发现了巨大的天蛾，有长到不可思议的嘴器。这种天蛾是非洲天蛾（*Xanthopan morganii*）的亚种，取名为*Xanthopan morganii praedicta*。[译2]直到1990年代末期，才有人实际观察到这种长喙天蛾吸食花蜜，就像达尔文在一百多年前预测的一样。[4]

达尔文之爱花，并不像维多利亚时期的乡绅纯粹出于喜好，对自然史做些异想天开的研究；达尔文对花的研究实属一有系统而完整的研究计划，目的在探讨如何以天择解释适应的细节。[5]达尔文的儿子弗朗

译2：拉丁文*praedicta*就是"预测、揣想"的意思。

西斯·达尔文（Francis Darwin）写道，植物学家罗伯特·布朗（Robert Brown）是达尔文的朋友，他送给达尔文一本当时还名不见经传的德文书《花朵构造与受精所揭露的自然奥秘》（*The Secret of Nature Revealed in the Structure and Fertilization of Flowers*），作者是一位路德教派的牧师克斯汀·史普林格（Christian Konrad Sprengel），这本书因而成了研究计划的开端。弗朗西斯写道，这本书“不仅因为书中推测与他（达尔文）相
42 似，使他大受鼓励，也指引了他的工作……罗伯特·布朗一生所种的种子中，恐怕没有像把这本书交到这样一个人手里一样，成果如此丰硕”。[6]

达尔文有闲暇研究，史普林格却没有。史普林格牧师因为花太多时间在研究上，忽略了他的教徒，而被开除神职。史普林格描述了昆虫造访花朵，但没有解释为什么将花粉从一朵花传到另一朵的柱头很重要。花朵一般不是都有雄蕊和雌蕊吗？为什么不干脆自己帮自己授粉就好？史普林格的书恐怕不像书名所写的，能让你在书中找到这个关键问题的答案。后来，因为达尔文找到了答案，也才彰显了史普林格的观察有多么重要。史普林格去世后，才因书中揭露的发现而驰名。

虽然达尔文相信异花授粉对植物一定有好处，但是因为他知道动物杂交后产下的第一代看不出什么差异，所以一开始他认为即使进行该做的实验，比较自花授粉和异花授粉的后代，也看不出什么差别来。[7]后来，因为一次意外，他在繁殖来进行遗传实验的植物上，才偶然观察到“比起异花授粉，自花授粉的植株确实较为矮小，生长力也不足”。由于这次偶然的观察，达尔文着手进行一项庞大的计划，实验了数十个物种，比较其自花授粉和异花交配的后代，观察它们的生长情形。直到今天，还没有人以达尔文当初的规模复制这类实验。实验结果清楚解释，

为什么植物要费心打造精巧的花朵，以利远系繁殖（outcrossing）：因为自花授粉的后代就是比较差。 43

现在我们都知道近亲交配会使后代比较不理想，这种现象称为“近交衰退”（inbreeding depression）。[8] 达尔文研究近亲交配的负面影响，部分出于科学好奇，部分也出于私人因素。达尔文家族和韦奇伍德（Wedgwood）家族的表亲间向来彼此联姻。达尔文的母亲名为苏珊娜·韦奇伍德（Susannah Wedgwood），为乔舒亚·韦奇伍德一世（Josiah Wedgwood I）之女，韦奇伍德曾以自己的姓氏创立了著名的瓷器品牌。达尔文娶了他的表姐，也就是乔舒亚·韦奇伍德二世的女儿埃玛·韦奇伍德（Emma Wedgwood）。韦奇伍德二世的孩子有 7 个长大成人，其中 4 个都和表兄妹结婚，像是埃玛嫁给达尔文，而韦奇伍德三世则娶了达尔文的姐姐卡罗琳（Caroline Darwin）。[9]

达尔文深切地了解遗传的重要，也知道天择会淘汰病弱的个体，因此他很担心自己家人的健康，很干脆地把家人身体孱弱归咎于遗传了自己的体弱多病。他钟爱的长女安妮（Annie）于 10 岁夭折，仿佛证实了他最深的恐惧，他写信向亲戚吐露“我最深的恐惧莫过遗传造成的体弱”。[10] 现在我们知道安妮可能死于肺结核，达尔文身体虚弱，大约出于航行南美时染上的寄生虫病。这些都不是遗传疾病。

达尔文担忧像他这类的近亲联姻可能损及整体国民的健康，而一如往常，他想要找数据验证这个想法。他请英国议会在 1871 年的人口普查中加入一个问题，请受访者回答他们是否和堂表亲结婚。[11] 问卷另有一个问题，问的是家里有几个孩子。两题答案交相比对，就能知道堂表亲通婚是否生育力较低。议院为此争论不休，最后将问题交付投

票，结果反对的人数是赞同的两倍。反对者认为这种调查违反公民自
44 由。有些议员认为这是把儿童当成植物或动物，“让科学解剖”。当然，就达尔文来看，适用动物或植物的生物法则，一样也适用于人类。议员认为这种科学探索过于冷漠无情，但达尔文探索的动机，无疑是不愿别人经历他家族所受的苦楚。

以人类当受试者未有进展，还好在植物界中，已经逐渐累积证据，显示远系繁殖能产生适应。1873 年，美国密苏里州的昆虫学家查尔斯·赖利（Charles Valentine Riley）在《美国自然学家》（*American Naturalist*）上发表文章，报道王兰属[译3]植物奇特的受粉方式：王兰是由寄生在种子中的飞蛾授粉。达尔文读到这篇文章后，写信给他的朋友约瑟夫·胡克（Joseph Hooker），也就是英国皇家植物园邱园（Royal Botanic Gardens at Kew）园长，说这是“发表过的受精案例中最精彩的一篇”。[12]

王兰属有大约三十个物种，全是北美原生植物，分布范围南及墨西哥南部，北至美国与加拿大边界。丝兰（*Yucca filamentosa*）[译4]和王兰（*Y. gloriosa*）[译5]都在欧洲和世界各地广泛栽种。达尔文会这么兴奋，是因为帮王兰授粉的飞蛾，在行为和身体结构上，都适应了为花朵授粉的角色。以其他植物来说，昆虫造访植物会获得报酬，通常是得到花蜜，植物则因交换花粉而受益，但昆虫替植物传递花粉只是附带的行为。昆虫若从植物身上沾得花粉，经常会清洁自己的身体，把花粉清掉。

译 3：或称丝兰属，属于龙舌兰科，为多肉植物，常用做庭园美化。

译 4：又称王兰，或小花龙舌兰。

译 5：又称刺叶王兰，或美国波罗花。

相较之下，王兰雌蛾的口器有特殊的触须结构，可采集王兰的花粉，捏成小球，存放在头部下面。[13]储存的花粉可达雌蛾体重的百分之十。雌蛾造访刚开的王兰，如果这朵王兰还没有其他飞蛾造访过，雌蛾就在花朵的子房内产卵。雌蛾用口器，从储存的花粉球里刮下一小块，45
攀上柱头，上下跳动，把花粉团压上柱头。这一连串产卵与授粉的行为可重复进行。

王兰和王兰飞蛾互利共生的方式大概可以这么形容："你帮我搔柱头，我就帮你孵卵。"对王兰来说，提供一部分的种子喂养飞蛾的幼虫，交换雌蛾帮它授粉，这种策略是有风险的，一定有些飞蛾会作弊。作弊的飞蛾把卵产在已经受粉并开始发育的果实上，同时利用了王兰和为王兰授粉的飞蛾。作弊的飞蛾这样取巧，是因为授粉的雌蛾如果在子房里产了太多卵，王兰的果实在发育初期就会掉落。等其他雌蛾授完粉后过几天再来，作弊的飞蛾就可以避开果实掉落的风险，安心产卵。这样一来，飞蛾幼虫消耗的种子是原来的三倍，王兰因此损失惨重。作弊的飞蛾物种数和授粉的飞蛾似乎差不多；有些作弊的飞蛾演化自授粉的飞蛾，有些则和授粉飞蛾共同演化。

彼时授粉方面的生物学研究先驱总被认为是在胡说八道，达尔文预言马达加斯加大彗星兰授粉昆虫时也得到这种待遇。当时，许多昆虫学家质疑赖利对王兰授粉的观察，甚至将之斥为"无稽之谈"。另一位昆虫学家首先观察到作弊的雌蛾产卵，但误以为作弊的雌蛾才是授粉者，因此怀疑赖利对王兰飞蛾的观察有误。赖利为了报复，在一篇回应文章中为这种作弊的雌蛾创了新的属名，称为 *Prodoxus*。此名源于希腊 46
文，意为"不了解就下判断"。后来，因种种巧合，也基于动物学命名的传统，所有为王兰授粉和作弊的飞蛾都称作 Prodoxidae。希望大家由此得到教训，轻率评断的后果是很可怕的。

赖利很早就热烈支持达尔文的观点，大概也是他首开先河，用新颖的演化理论解决经济问题。1870 年代早期，葡萄根蚜虫（grape phylloxera aphid）意外由北美散播至法国，法国葡萄酒业因此深受重创。葡萄根蚜虫专吃葡萄的根，赖利推断，比起隔离演化的欧洲葡萄，北美的葡萄品种必定较能抵抗这种原生于北美的蚜虫。

面临葡萄根蚜虫这样的天敌，抵抗力强的个体因为存活率高，能留下更多子代，于是比抵抗力差的个体有更大优势。在天择作用下，抵抗疾病的基因流传下去，数代后抵抗力便愈来愈强。因为北美葡萄生长环境中一直有蚜虫，所以赖利认为天择使北美葡萄更具抵抗力。相反地，欧洲葡萄因为过去的生长环境中没有蚜虫，不曾受天择汰选，因此抵抗力较差。赖利以天择的角度应用演化理论相当正确；法国进口北美抗虫的葡萄根茎，将欧洲葡萄嫁接上去，其葡萄酒工业方起死回生。赖利因此获颁法国荣誉军团勋章（French Legion of Honor），借此表彰他的卓见。

自从 1870 年代发现王兰和王兰授粉飞蛾间的特殊关系后，这种
47 现象又找到了4 个例子，彼此之间都是独立演化。在亚洲，一组大戟科的灌木由寄生于种子的飞蛾授粉；在欧洲，毛茛科的金莲花（金莲花属〔*Trollius* spp.〕）由在花里产卵的苍蝇授粉；在美国加州的索诺兰（Sonora）沙漠，上帝阁（*Lophocereus schottii*）[译6] 由寄生的飞蛾授粉。这些植物同属别的物种数都不多，但有一组植物，也是只由寄生于种子

译 6：一种高大的柱型仙人掌。

的昆虫授粉，不过却生长繁盛，子孙众多；这种植物就是无花果[14]。

无花果属（*Ficus* spp.）属于桑科，大约有七百五十个物种，比桑科所有其他物种加起来还多。其他由种子寄生虫授粉的植物，像是王兰属植物，因为物种很少，还可以当做特例打发；但对无花果来说，这种授粉方式可是相当重要。在新旧世界的热带地区，无论是澳洲或地中海，都有无花果的踪迹。在许多热带森林，无花果是鸟类和哺乳动物的重要食物。

桑科祖先的花朵原本由风传粉。[15]约六千万年前，寄生在花里的一种微小的黄蜂开始为无花果的花授粉，从此无花果和黄蜂就共同演化，催生了许多新的植物和授粉昆虫物种。[16]寄生授粉往往有风险，因为授粉昆虫通常耗去太多种子；但无花果使用这种机制却异乎寻常地成功。无花果成功的秘诀，似乎是因为能控制这个过程。

严格来说，可食的无花果并不是果实，而是多肉、未盛开的隐头花序，花朵包覆在里头。这是无花果特有的花托。[17]无花果有这么多
品种，可以想见各品种的授粉方式在细节上必定多有不同，不过所有品 48
种都有两个共同点，让它们繁衍众多。首先，每个品种都有其特有的寄生授粉蜂，授粉蜂繁殖全依赖这种无花果。在这个条件下，植物和授粉者才能共同演化，王兰和其他类似植物也是如此。只不过无花果更需要特化的授粉者，因为无花果的花包在花托里，多数昆虫皆不得其门而入。

其次，无花果长出无性的花朵，专供授粉者造窝。无花果授粉雌蜂可以把卵产在不会结子的无性花上；而若是产在雌花上，卵就不会孵化，无花果的种子得以保持完好。因此，借由限制花托中无性花的数

量，无花果得以控制用于授粉的资源，而不受授粉蜂左右。虽然授粉蜂的幼虫不像为王兰授粉的飞蛾那样，直接消耗受精的种子，不过提供授粉蜂产卵的无性花也是一种资源，而且会占据花托，使无花果没办法利用这个花托结雌花，以产生种子。无花果就像王兰，为得到授粉服务，必须间接付出种子作为代价。不过两者之间有一点很不同，那就是决定授粉价码的是无花果，不是授粉蜂。

无花果各品种不同之处，在花托内各性别花朵（雄花、雌花、无性花）的组成不同。随品种不同，无花果树可能只结一种花托，里头的花三种性别都有；或是结两种花托，一种只有雌花，另一种有雄花和无性花；或者结三四种花托，里面花朵的性别有各种组合。

为无花果授粉的黄蜂中，雄蜂没有翅膀，在花托里出生、孵化、交配、死亡，度过它短暂的一生。雌蜂则从花托顶端小孔钻出，途中沾上满身花粉。据观察，有些品种的授粉蜂就像王兰飞蛾一样，将花粉存在身上。接着，雌蜂四处飞寻找新生的花托，在里面产卵，同时也为花托
49 里的雌花授粉。未受粉的花托会掉落，所以如果雌蜂没有回报宿主，替宿主授粉的话，就会失去它的后代。有些人或许以为，授粉蜂那么小，只有一两毫米，又短命，只能活两三天，没办法飞太远；无花果用这种方式做远系繁殖，效果恐怕不太好。不过，检验无花果种子的父系基因，发现为某些种子授精的花粉来自十几公里以外。来自数千个花托的授粉蜂群，一定是经由风远远地吹送过来。(18)

达尔文在世时，还没有人发现无花果和授粉蜂之间令人惊奇的关系，但我们可以想象，若达尔文知道这段比王兰更精巧的共同演化授粉关系，一定会赞叹不已吧。无花果成功的秘诀，无疑在它驯化了授粉

者，在无性花内豢养授粉蜂，而得以保护珍贵的种子。无花果能选择花朵的性别，在同一个花托内加以组合，显示无花果的生殖系统极具弹性，让它出了原生的热带区域也能克服环境季节性的变化。常见的可食用无花果（*Ficus carica*）来自地中海地区，过了产季后，野生的族群结的花托里就只有无性花，整个冬天授粉蜂就在这些花托中生长。到了春天，授粉蜂倾巢而出，造访春天新生的有性花托，尽它们授粉的义务。

每段共同演化关系都有可能遭受破坏，无花果与授粉蜂间也不例外。野生无花果里头，也有一组作弊团体，有生长在花托内却不授粉的寄生黄蜂、种子寄生虫，还有黄蜂寄生虫。当然，人类也利用无花果，不过，我们栽培的无花果品种，皆不需授精即能产生种子和甜美的果实。咬一口无花果干，里头大概不会有死掉的授粉蜂，你只会注意到许多营养、酥脆的种子。

5

各按其类：遗传

地上长出青草和结种子的植物，各按其类； 51
又长出结果子的树木，果子里都有种子，
各按其类。上帝看这是好的。

——创世记（Genesis），第一章第十二节[译1]

有其父必有其子，物种相异处因而得以延续，这是圣经的看法。我们对遗传的看法则不同，这都要感谢摩拉维亚（Moravia）的修道士——格里哥·门德尔（Gregor Mendel）神父。1850年代，在摩拉维亚首都布鲁诺（Brunn）[译2]有个奥古斯丁派（Augustinian）的修道院，门德尔神父就在那里工作。他常常对访客开玩笑，且会突然一本正经地说："现在我带你们去看我的孩子！"神父是不能结婚的，就在访客忐忑不安地准备见门德尔的私生子时，门德尔脸上却带着微笑，领他们到墙内的一座小花园。雨果·艾尔提斯（Hugo Iltis）写的门德尔传记里，描写 52

译1：译文摘自《圣经新世界译本》，守望台圣经书社，2003。

译2：1641年起成为摩拉维亚的中心城市，现为南摩拉维亚州首府，捷克第二大城。

访客迎头看见的是："上百株各式各样的豌豆映入眼帘，攀爬在竿子上，缠绕着枝丫，纠结着绳网，盛开白色与紫色的花，或高或矮，有些日后将结出光滑的豌豆，有些则结皱皮的豌豆。"(1)

若你恰巧在晴朗的五月早晨，从修道院图书馆的窗户往外俯瞰门德尔的小花园，你或许能看到门德尔正在辛勤工作，照顾他收养的小孩：

> 门德尔一朵朵照看着花儿，用小镊子剥开还没盛放的花朵，挟去花朵的龙骨瓣，(译3) 再小心翼翼地将花药拨到一旁。接着拿起一支驼毛笔，将花粉沾到另一株植物花朵的柱头上，再把花朵用小纸套或布包起来，以免辛勤的蜜蜂或豌豆象鼻虫把其他花朵的花粉带到这朵花的柱头上，让杂交实验失效。

（假使门德尔真的想吓吓访客，他可以说要带他们去看他的"混血儿"，混血儿用德文来说就是"杂种"〔bastard〕。）

平凡的豌豆在遗传学史上地位崇高，不仅因为门德尔拿来做实验，更因为豌豆的种子有个特色，很适合做遗传学研究。植物的胚胎位于种子内，母体的组织会包裹种子，以保护和控制后代，就像妈妈保护小婴儿。如果宝宝喜欢蓝色，可是妈妈喜欢粉红色，那宝宝还是要穿粉红色。通常妈妈说了算，不过以豌豆来说却未必如此。豌豆的豆荚的确来自母株，母株的基因决定豆荚的颜色和形状，通常也决定包覆豆子的种皮是什么模样。某些品种的豌豆种皮是透明的，豌豆的某些遗传特征

译3：豌豆花共有五枚花瓣，其中位于内部合抱的两枚花瓣称为龙骨瓣。

因此一览无遗。豌豆的颜色有时是黄的，有时是绿的；其形状也看得出 53
来，有时平滑，有时皱皮。

从豌豆的颜色和形状，可以看出胚胎的基因特征和母株不一定相同。有句谚语说“就像同个豆荚里的豌豆，一个样儿”（as alike as two peas in a pod），但豌豆其实和谚语说的不同，同个豆荚里的豌豆不一定都长一个样儿。这是因为每粒豌豆都是卵细胞和花粉粒分别结合的，所以豆子就像兄弟姐妹一样，有的地方像，有的地方不像。爸爸和妈妈的基因一起决定小豆子是黄色还是绿色，是平滑还是皱巴巴。种子呈现遗传特征，简化了遗传的实证研究，因为只要等到种子成熟，就能知道两株相异植物杂交的结果，不必像花色的遗传研究一样，等到种子萌发，长出新的一代，才看得出结果。

门德尔对花色也兴致勃勃，他曾经栽培过一种杂交灯笼海棠（Fuchsia），开的花非常漂亮，这些花出售时都挂着门德尔的名号，以吸引当时识货的园丁花匠。门德尔还写过一篇论文介绍他对豌豆的研究，后来这篇文章使他成为家喻户晓的人物，可惜那时他已经去世多年。他在该文序言里写道：“本文叙述之研究为替观赏植物进行人工杂交，以产生新花色的品种。”虽然门德尔也像园丁一样，出于实际与美观的理由栽培植物，但他最想探究的还是规范遗传的原则，他也明白豌豆种子的特征从外表即可一览无遗，有利于进行遗传实验。

门德尔在他的花园中发现，若以圆形豌豆的花粉替皱皮豌豆的花
授精，长出的豌豆都是圆形的。反过来，用皱皮豌豆的花粉替圆形豌 54
豆的花授精，还是会得到一样的结果，长出圆形豌豆。皱皮的特征消失了，此时所有的豌豆就像谚语说的是“一个样儿”。但是，等到第一次杂

交长出的种子成长，以自己的花粉授精后，情况就大不相同了。现在的种子有圆形的，也有皱皮的，而且有个特定的比率：三个圆形配上一个皱皮。这个结果的特殊之处，在于第一次杂交所结的种子看不到皱皮的特征，但下一次交配所结的种子中，皱皮的特征又再度出现。这就好像魔术师变魔术，先把一个东西变不见，然后丝绸手帕一挥，东西又出现了！皱皮的豌豆变到哪里去了？魔术师靠手法藏东西，而门德尔推断大自然必定也玩了某个把戏，把皱皮特征藏了起来。门德尔推测一定有某个与种子形状有关的遗传因子可以传递下去，先藏起来，然后到下一代再出现。寻找遗传因子的证据时，门德尔发现了基因——虽然“基因”这个说法要再过四十年才发明出来。

亲代（P1）的特征可能在下一个世代（第一子代，F1）消失，但如果植物自花授粉，又会在第二子代（F2）出现（图 5.1）。门德尔不是首先发现这个规律的人，但是他最先了解这个规律的意义，并持续在之后的子代上做实验，以验证自己的想法。他记录了不同特征在每一代出现的比率，使他明白规律如何运作，从而取得重大突破。皱皮豌豆的第二子代自花授粉后，只产生皱皮的种子，但圆形豌豆的第二子代自花授粉后，却产生两个类型的后代：一种只结圆形种子，占 1/3；另一种结的
55 种子有圆形也有皱皮的，占 2/3，其中圆形种子对皱皮的比率似曾相识，也是 3 : 1。门德尔还以豌豆进行了其他杂交实验，观察种子的颜色（黄色或绿色）以及其他五种特征，得到的结果都一样。一种性状在第一子代消失，在第二子代又再度出现，和另一成对性状的比率为三比一。

相同的比率反复出现，背后有什么含义？门德尔推断，每代都有一种特征或称性状显现出来，而成对的另一种性状则隐藏起来。只有显

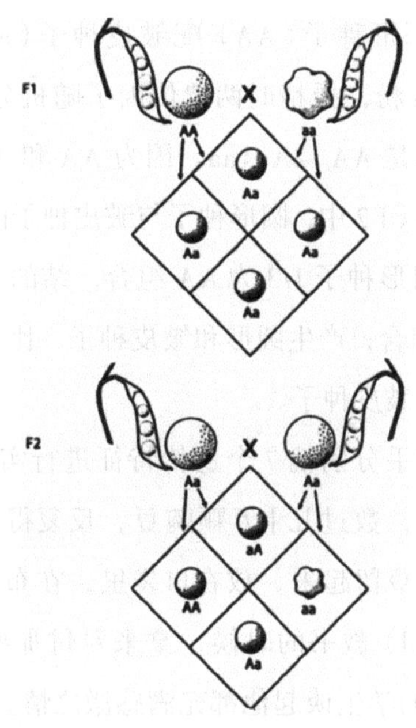

图 5.1　圆形与皱皮种子杂交后，种子性状在两个世代分离的情况。

性的性状，如圆形种子，可于 F1 观察到，而隐性的皱皮性状在 F1 时则隐藏起来。门德尔认为杂交时产生了三种植物，一种是纯显性，如今我们以 AA 表示；另一种是纯隐性，以 aa 表示；最后一种是混种，以 Aa 56
表示。植物只要含有显性的 A，不管是否带有 a，都会表现显性的性状，结圆形种子。如果我们假设每株植物带有的两个遗传因子在形成精子和卵子时分离开来，分别进入精子和卵子，则这个简洁的分类就能漂亮地解释门德尔所发现的比率。多年以后，这个观点被称为门德尔分离率 (Mendel's law of segregation)。

图 5.1 显示，门德尔的分类可以简练地预测豌豆种子性状的比率。

亲代第一次杂交为圆形种子（AA）配皱皮种子（a)，其子代皆为Aa（圆形）。F1经自花授粉，授精时两遗传因子随机分配到不同的种子，产生的种子性状比率是AA∶2Aa∶aa。因为AA和Aa都含有代表圆形种子的显性因子，所以F2中，圆形种子与皱皮种子的比率是3∶1。F2再经自花授粉，其圆形种子1/3为AA组合，结的全是纯系的圆形种子；其他2/3为Aa组合，产生圆形和皱皮种子，比率为3∶1；皱皮的aa产生的后代则全为皱皮种子。

门德尔和他的助手分别就7个遗传特征进行实验，种了数千株植物，为上万朵花授粉，数过几十万颗豌豆，反复得到相同的结果。据说门德尔把剩下的豌豆留起来，放在口袋里，在布鲁诺高级技术学校（Brunn Modern School）教书的时候，拿来对付那些上课打瞌睡的学生；不过门德尔教过的学生谈起他都充满感激之情。

门德尔做过的实验中，以杂交植物，寻找两个、甚至三个变异特征
57 的性状遗传比率最为繁琐，例如圆形/皱皮加上黄色/绿色种子的多重性状遗传比率。这些实验显示，多重性状的遗传比率，就和性状分别遗传所产生的比率一样，此规则后来称为门德尔独立分配率（Mendel's law of independent assortment）。

到了现代，基因不再只是为了方便解释杂交实验所取的代号，而是固定下来的化学式（脱氧核糖核酸，或DNA），所以很难知道门德尔如何理解他发现的遗传因子。或许A和a对门德尔来说只是代号，但不管是什么，这些研究对当时的人来说，就像希腊文对现代的我们来说一样深奥难懂。不过，就史实而言，如果只要懂希腊文就能明白门德尔的发现多么重要，在门德尔有生之年，这些研究大概就能获得应有的

关注。然而，门德尔的研究在当时完全不受重视。他将豌豆杂交实验以当时学界惯用的德文记下，发表在1866年的《布鲁诺自然科学会学报》(*Proceedings of the Brunn Society for the Study of Natural Science*)上。虽然这本学报从名字听起来像是地区性的期刊，不过其发行区域其实遍及全欧。然而，门德尔的报告在19世纪的科学界却激不起一丝涟漪。直到门德尔逝世十六年，他的研究受人忽略了近四十年后，才突如其来地获得世人的认同。

1900年，三位植物学家——德国的卡尔·柯伦斯(Karl Correns)，荷兰的雨果·德弗里斯(Hugo de Vries)，以及奥地利的艾瑞克·冯·切尔马克(Erich von Tschermak)分别重新验证了门德尔的研究，这是科学史上相当著名的巧合。德弗里斯首先以书面发表他的实验成果，1900年4月一个星期六清晨，这份报告送到了柯伦斯的家门。对柯伦斯来说，它就像晴天霹雳，因为柯伦斯也做了类似的杂交实验，得到和德弗里斯差不多的结果。再加上德弗里斯和柯伦斯还是宿敌，先前 58
德弗里斯曾阻止柯伦斯得到他目前的职位，所以这份报告对柯伦斯打击尤大。柯伦斯读过门德尔的作品，发现德弗里斯用了门德尔的“显性”和“隐性”性状，但完全没有提到门德尔的名字，他感到很讶异。于是，他写下自己的实验结果，在星期天晚上投稿至德国最有名的植物学期刊，文章取名《植物杂交品种的门德尔定律》(*G. Mendel's Law Concerning the Behavior of Progeny of Varietal Hybrids*)，以回敬德弗里斯疑似失当的行为。标题清楚表明，如果第一个发现遗传定律的不是柯伦斯他本人，也不会是他在荷兰的死对头德弗里斯。他们俩抢着继承先人门德尔的衣钵，切尔马克则最后才卷入混战，在德弗里斯和柯伦斯之后几个月发表论文，文中也提及门德尔，不过他似乎不太明白门德尔研究真正的价值。

门德尔的论文在中欧小小的科学年报中深埋多年，一重见天日，便引起了许多争议。问题的关键是，门德尔定律的适用范围究竟有多广？是否真的称得上定律？无论动物、植物还是人类，都有许多特征不符合门德尔定律，例如混血儿看起来就像父母的综合体。基因好像很少像魔术师的戏法一样，玩消失不见、再次出现的把戏。门德尔定律到底变了什么戏法？难不成只是个小花招？

为了探究这些问题，一门新的学科从此建立，这门学科就是遗传学。如今已知基因实际上是所有遗传性状的载体，但并非所有遗传性状都以显性、隐性的方式出现，因此表现得和门德尔研究的性状不一样。许多特征不是由单一基因控制，而是由多个基因调控。不过人体与健康有关的基因中，好几千个都符合门德尔定律，像红绿色盲基因就是其一，还有蚕豆症基因，此症患者吃到蚕豆会引起急性症状。门德尔的发
59 现对现代科学的贡献不可计量，他的发现为遗传学奠基，而许多医学发展仰赖人类遗传学的知识，以及对感染人体之病毒、细菌遗传的了解，从而也受惠于门德尔。要不是遗传学，我们就无法真正了解演化，农业也不会有多少进展。豌豆万岁！

门德尔在完成了大有斩获的豌豆杂交实验之后，便以山柳菊属（*Hieracium*）的水兰做进一步的研究，但却一无所获。[2]门德尔有所不知：水兰是一种无融合生殖植物，虽经授粉才能结子，但种子不含父亲的基因，而和母亲的一模一样。科学进展极为仰赖正确的实验设计，如果门德尔没有听信植物学权威的建议拿水兰做研究，因而阻碍了发展，

不晓得门德尔能够走多远？说不定他会用玉米做接下来的实验，因为他曾发现玉米的表现和豌豆很类似。

一百多年之后，遗传学家芭芭拉·麦克林托克（Barbara McClintock）研究玉米，发现有些基因就是不遵守门德尔定律，而获得了诺贝尔奖。[(3)]以玉米做遗传学研究有个优点，那就是玉米像豌豆一样，杂交后，玉米粒的颜色等特征会直接表现在种子上。更棒的是，豌豆荚里只有约六颗种子，玉米穗上却有几百颗种子，因此交换遗传特征时，豌豆只能零售，玉米却可批发，这表示玉米杂交比较容易发现少见的事件。

麦克林托克有句话很有名，她说她对玉米“感同身受”。这样的感受让她能在数千株杂交玉米中，发现某些极不寻常的重要现象。她发
现有些基因并不遵循染色体的序列，而会违反门德尔定律分离，因此无 60
法得到预估的比率。她推论有些基因会在染色体间跳跃，使基因组陷入一片混乱。这些跳跃的基因就像自私的自由基，在个体面临压力时大量增生，后来这些跳跃基因被命名为“转位子”（transposons）。麦克林托克灵光一闪悟出的道理，要到二十年后才会为其他科学家所明了。目前已知玉米的基因组中有一半是数百万的转位子复制体，有些植物体内还寄生了更多转位子。据估计，大麦的基因组中有95%都是转位子（人类的染色体中也安插了许多转位子）。[(4)]转位子是来自体内的敌人，但不是唯一的敌人；体外还有更多天敌。

6

玫瑰，汝病了！——天敌

啊玫瑰，汝病了！ 61
看不见的虫子
在暗夜里飞扑，
于呼啸的风雨中
发现你的床笫，
暗红色的欢愉：
而它阴暗幽秘的爱恋
真将你的生命毁灭。

——威廉·布雷克（William Blake）*，“病了的玫瑰”（The Sick Rose），
选自《经验之歌》（*Songs of Experience*）

每种植物都有天敌，这些天敌会戕害植物，有时也会夺走人类的生命。公元857年，在莱茵河下游处，有个德国小镇叫做桑腾

* 18世纪英国浪漫主义代表诗人，诗作风格早期一派牧歌气象，但寓有现实之批判；晚期则多奇譬诡喻，于异象中颂赞超然不羁的处世态度。

（Xanten），当地居民饱受“天谴”折磨：“这种可怕的瘟疫让患者受尽折磨，全身长满令人作呕的坏疽，死前四肢从身体松脱、分离。”[(1)] 公元994年，瘟疫侵袭南法的阿基坦（Aquitaine）区，超过四万人死亡。时近第一个千禧年，人人以为世界就要灭亡，气氛因此更加恐怖。为了驱赶疫疾，众人四处喷洒圣水，还从墓中掘出曾见证耶稣复活的圣马修（St.
62 Martial）遗骨，用来举行净化仪式。四十年后，法国的洛林（Lorraine）又爆发一次大流行；当时的人认为这场瘟疫的起因是那些好斗分子违反了“天主的休战”（Truce of God）禁令，[(译1)] 此禁令规定只有星期一至星期三才能打仗。由于中世纪的欧洲大陆瘟疫猖獗，圣安东尼修会（Order of St. Anthony）特别创立多所医院，用来照顾瘟疫患者，从此这种传染病就称为“圣安东尼之火”（Fire of St. Antony）。法国中部靠近里昂（Lyon）的维埃纳省（Vienne）有一座圣安东尼大教堂（Abbey of St. Anthony），据说那里直到18世纪初都还保存着病患脱落、干燥后的肢体。

圣安东尼之火的病因是麦角菌（*Claviceps purpurea*）中毒。麦角菌会感染野生禾本科与谷类，特别是黑麦（Secale cereale）。根据历史记载，自公元591年至1789年，欧洲至少曾发生过132起麦角中毒的大型感染事件。[(2)] 禾本科植物由风传粉，麦角菌的孢子和花粉一起随风吹送，纷纷乱乱地落到其他花朵上，麦角菌就这样透过授粉散播。即使花朵间只借由空气进行生殖接触，寄生的麦角菌也会利用这个管道传染疾病，就像艾滋病、披衣菌和梅毒也是经生殖接触感染。

译1：贵族私战是中古社会一大乱源；10世纪末，教廷曾推动“天主的和平”（Peace of God）与“天主的休战”（Truce of God）运动，以消弭战争。前者禁止贵族在战争中侵犯农民、商人、教士及其他平民的生命财产，后者规定周三日落起至周一日出止，及重要宗教节日，停止战争。

刚开始麦角菌靠风传递，只能凭运气，不过只要造成一桩感染，麦角菌就会使出从虫媒植物那里学来的更有效率的招数。麦角菌感染花朵后，孢子会渗入花朵殚精竭虑酿出的花蜜里。寻蜜的昆虫喝了受感染的花蜜，在寻觅其他潜藏的花蜜时，便会将麦角菌传染给别的花朵。之后，麦角菌就霸占种子的位子，发育成膨胀的菌体。有些菌体模仿种子掉落土中进入休眠，不怀好意地等待生长季到来，再萌发、释放孢子。其他菌体则形成菌簇，和谷类一起进入打谷机，做成黑麦面包，原本的生之佳肴，遂成了死之飨宴。

麦角菌含有多种有毒的生物碱，能对神经系统起强烈的作用；其 63
中最主要的生物碱是麦角酸，LSD（麦角二乙胺）迷幻药就是由麦角酸制成。麦角菌中还含有麦角胺，可治疗周期性偏头痛。随麦角菌品系不同，所含的生物碱也不同，因此麦角中毒也有两种类型。一种是坏疽型麦角中毒（gangrenous ergotism），最后会造成四肢脱落，就像圣安东尼之火的患者，他们的四肢之前就保留在维埃纳的大教堂里。另外一种则是痉挛型麦角中毒（convulsive ergotism），虽然没那么恐怖，但会造成许多神经系统症状，也能致人于死。奥利佛·克伦威尔（Oliver Cromwell）[译2]可能就是染上痉挛型麦角中毒，历经了典型的失眠、下腹痛、背痛、痉挛等症状，于1658年9月过世。他逝世这年，带有痉挛症状的传染病正在英格兰蔓延。当年刚好也有许多丰收的黑麦流入市面。再过一百年，医生才发现麦角中毒的成因。[3]

译2：17世纪英国清教徒革命领袖，在英国内战中战胜保皇党，下令处死查理一世。后任护国公，统治英国。

在现代化的方法出现，得以控制麦角感染之前，如果冬天异常寒冷，使越冬的谷子不太健康，而来春又特别潮湿，让麦角菌生长、散播得特别顺利，那么黑麦的麦角感染情况就会特别严重。克伦威尔去世的那年正是这种气候。1691年，大西洋对岸的美国新英格兰也处于这种气候；1692年初，发生了一连串的事件，最终导致麻州塞勒姆镇声名狼藉的女巫审判。1692年1月，牧师萨缪尔·帕里斯（Samuel Parris）九岁的女儿贝蒂·帕里斯（Betty Parris），以及11岁的侄女艾比盖儿·威廉斯（Abigail Williams）开始出现一连串怪异的行为举止，她们全身扭曲，口中发出尖声怪叫，皮肤如针扎般疼痛。当地医生找不出具体病因，认为她们是中了巫术。其他镇民也出现类似症状，牛只行为怪异且纷纷暴毙。于是镇民展开了猎巫行动。14位女性和6位男性被控
64 施行巫术，遭绞刑处死；为了逼迫一名男性认罪，甚至用石头慢慢地将他活活压碎。最后麻州地方官才下令停止女巫审判。

在塞勒姆镇和邻近区域的这起事件应该是麦角中毒造成的。虽然我们只能间接推测，不过证据十分充分。镇民的症状符合痉挛型麦角中毒，当时的气候条件也适合麦角菌旺盛生长，且病情最为严重的人家都住在适合种植黑麦的地区。麦角菌也会感染野草，塞勒姆镇的牛只或许因此中毒。最有力的证据是三位受感染的女性都参加了帕里斯牧师主持的礼拜，而帕里斯牧师的女儿正是第一位受害者。三位受感染的女性宣称圣餐礼中用的面包是红色的。以精制黑麦粉制成的面包，若遭百分之五以上的麦角菌感染，呈现的正是红色。[(4)]或许我们可将威廉·布雷克的诗句稍做修改，作为这场悲剧的墓志铭——看不见的虫子在暗夜里飞扑，暗红色的面包成为疾病苦涩的温床；迷信的塞勒姆镇

民，狂乱的猎巫风潮，许多生命因之毁灭。

虽然多数感染种子的真菌都有毒，但有一种真菌感染，却让精通料理魔法的墨西哥人视为珍馐。这种菌类叫做墨西哥玉米黑粉菌（*Ustilago maydis*），当地人叫“乌鸦的粪便”（huitlacoche），此菌常感染玉米，使玉米穗表面结出鳞茎状的肿块，看来怵目惊心，却可用来与玉米、豆类、瓜类、巧克力、辣椒同做墨西哥巧克力辣酱，也可当蔬菜吃。墨西哥玉米黑粉菌就和麦角菌一样，感染宿主的花朵，取道一般花粉的途径，沿着垂在玉米穗外的玉米须进入胚珠。如果玉米的花粉先达阵，花粉管先伸入胚珠，黑粉菌就无法从玉米须感染玉米，有些玉米粒因此能幸免于难。[5]

诸如玉米和黑麦一类的禾本科植物和一般植物不太一样。禾本科植物没有化学防御成分，没法阻止动物拿它们当大餐来享用。无论牛 65
群、羊只或马匹都爱吃牧草，牧草能生存，是因为能从芽苞长出失去的叶片组织，而芽苞深埋地底，才躲过食草动物的大嘴。然而，如果动物吃得太快，牧草也可能长不出来。这时原先寄生于牧草内部的有毒真菌就派上用场了。这些真菌寄宿在没有化学防御物质的宿主体中，称为“内生”真菌，生长于牧草的茎、叶甚至种子里，能制造出生物碱，让动物不敢再吃牧草，甚至让吃草的动物死亡。新西兰等地的多年生黑麦草几乎都染有内生真菌，能产生和麦角菌生物碱差不多的生物碱，会使家畜中毒，造成牛只的“黑麦草晕倒症（staggers）”。

香柱菌属（*Epichloë*）的菌类是散播最广的内生真菌。[6]不同品种的菌类扮演的角色也不同，有些会让草类无法行有性生殖、无法产生种子，是禾本科的大敌；有些则能帮宿主不受昆虫侵扰，度过旱灾，还会偷偷混入种子的胚胎内，让后代一生下来就适时带着真菌，是禾本科长相左右的好伙伴。良性的内生真菌不会行有性生殖，没有孢子，所以被感染的禾本科外表看不出症状。还有另一些品种的真菌，依生态环境不同，有时是禾本科植物的好友，有时却变成恶邻。大自然中许多生物间的关系看似亲密，事实上矛盾又多变。

奇特的是，行有性生殖的香柱菌属真菌也得靠一种寄生蝇，才能让孢子结合。这种寄生蝇叫做花蝇（*Botanophila*），花蝇吃真菌的时候顺道把孢子也吃了下去，接着它会飞到另一株也染有真菌的植物产卵。产卵时，花蝇以一种特定的姿势将腹部在植物表面拖行，而从它腹中排出的粪便和孢子就沾到植物上，帮助真菌完成杂交。花蝇的幼虫只能寄生在杂交真菌里长大，所以花蝇和真菌必须互相依赖，进行繁殖，这点
66 和寄生在王兰里、同时也为王兰授粉的飞蛾很相似，真是十分奇妙。

在演化中，香柱菌属真菌类似乎相当积极地和禾本科植物建立各种不同的关系，或和谐相处，或互相仇视，看似混乱，实则悄然形成了一道不变的演化定律，那就是：和植物关系友好的菌类放弃有性生殖，借植物种子传递后代；与植物关系不睦的菌类则将植物去势，自己以有性方式繁殖。就好像希腊神话中的格赖埃（Graeae）三姐妹[译3]轮流共享一只眼睛和一颗牙齿那样，内生真菌和植物必须共同拥有“性”，一次只有一方能拥有性的能力。天马行空地想象一下，真菌和种子的关系的确具备了所有巫术的特色：看不见的盟友、致命的敌人、针戳的刺痛、毒药、扭曲心智的药物、性，及去势。在《麦克白》中，女巫用各种成分熬煮魔药，我们可以比较一下配方：

译3：“百怪之父”福耳库斯（Phorcys）和刻托（Ceto）所生的三个女儿，又称地狱三女巫（Stygian Witches）。

蝾螈之目青蛙趾，
蝙蝠之毛犬之齿。
蝮蛇信子蚯蚓刺，
蜥蜴之足枭之翅。
炼为毒蛊鬼神惊，
泡沫沸滚如炼狱。[7][译4]

应该没人会想喝这缸大杂烩吧？不过搞不好喝下去也没事。那么用各式种子调配的魔药又如何？毒性会更强、更加可怕吗？不过，吃素的女巫用五谷杂粮煮的麦片粥，到底有什么好怕的？

黑麦面包黑粉菌，
花生抹酱密密涂。
蓖麻子儿漫天撒， 67
番木鳖碱魂无主。
炼为魔蛊鬼神惊，
毒子沸滚如炼狱。

蓖麻子含的蓖麻毒素是已知最致命的毒素。做花生酱的花生感染曲霉菌后，会产生致癌的黄曲霉素，让魔蛊更毒。其实，中世纪时遭控行巫术的人多半精通药草学，不论是拿来行善还是行恶，比起拔蚯蚓

译 4：参考自朱生豪译《麦克白》，第 108 页，台北：世界书局，1996。

刺，他们对种子更加知之甚详。

大约有六百种不同的真菌会感染种子，借此繁殖。[8]这些真菌包含良性、对植物有益的内生真菌，也包含了会致病的菌类，像是黑粉菌就会造成可怕的小麦黑穗病。黑粉菌感染植物后会破坏植物的花朵，接着散播孢子感染其他植物的种子，传染给植物的下一代。此后，黑粉菌就会改变方式，趁风传粉时顺便感染其他小麦，因而得以两头受益——不过从植物的观点来看，应该算是两头受害。

除了真菌，细菌、病毒和昆虫都会在生命周期的关键时刻把种子当成交通工具和运货卡车来用。昆虫中的小蜂科（榕小蜂就属于小蜂科）是种子寄生专家，生命中大部分时间都以幼虫或虫蛹的状态在种子中度过。有一种小蜂就专门寄生在花旗松（*Pseudotsuga menziesii*）的种子内。一旦涉及繁殖，时机最重要。花粉必须在雌球花能受精时适时散播，才能产生种子；而要寄生在种子里，小蜂必须算好时机产卵。大部
68 分的种子寄生昆虫将产卵时机延后，等到胚珠受精，幼虫的食物有着落了，才将卵产下。胚珠没有受精通常会脱落，这也就是为什么作弊的王兰飞蛾会先等胚珠受精后才产卵。

针叶树木传粉后（花粉抵达柱头接受区域），要过好一段时间才会受精（精卵细胞核融合）；花旗松甚至可以隔上10个礼拜才受精。然而，寄生于花旗松种子的小蜂不会等到种子受精，随时都可以产卵。原来，如果卵附生的种子没有受精，小蜂会分泌激素，使花旗松误以为种子已经受精产生胚胎，而提供养分给种子和寄生小蜂，所以小蜂不必担心胚珠会脱落。[9]

不论是树木和种子寄生虫间的冲突，或是敌对国家间的冲突，任何冲突都有不同的策略可资运用。双方是小心翼翼地和平共处，或让

冲突加剧、彼此宣战，则有赖情境、选择与机遇决定。1959 年 7 月，美国当时的副总统尼克松（Richard Nixon）访问莫斯科，为一场展示美国科技成就的展览揭幕。彼时苏联已于 1957 年领先发射世界上第一枚人造卫星。尼克松带当时的苏联总理赫鲁晓夫（Nikita Khrushchev）参观一座充满现代家电的美国厨房模型，提到这是展览中最重要的展品。他说："在洗衣机方面竞争，不是比在火箭上竞争来得好吗？"尼克松的嘲讽可能只是半开玩笑，赫鲁晓夫却当真了。其后三十年，美国与苏联没有在家电科技方面和平竞争，却依循"相互保证毁灭"（Mutually Assured Destruction）的策略，全力投入了军事装备竞赛。

红交嘴雀（*Loxia curvirostra*）与北美柱松（*Pinus contorta*）就陷入
了这样的装备竞赛。就像冷战在美苏两国的历史留下印记，红交嘴雀与 69
北美柱松的竞赛也影响了彼此的演化。北美柱松的木质球果由树脂密封，将种子包覆起来，就像一副厚厚的铠甲。而红交嘴雀之所以有这样的名号，是因为它的上下两片鸟喙互相交错，状如双指交叉。尽管这样的嘴是齿列矫正医生的噩梦，但它也因此得以撬开球果，挖出里面的种子。红交嘴雀装备精良，大军压境，要把树从摇篮中珍贵的种子窃走，北美柱松该如何应对？红交嘴雀可是不费"折枝"之力，就能把种子宝宝从树顶偷走。

在落基山脉，论起吃种子的动物，拥有顶级装备的美洲红松鼠（*Tamiascurus hudsonensis*）能把整棵松树的球果剥得一颗不剩，红交嘴雀根本不是对手，所以有红松鼠的山谷，就很少见到红交嘴雀。但在偏远的山谷中，没有红松鼠的话，就剩北美柱松和红交嘴雀在种子争夺大战中交锋了。[10] 山谷里如果有红交嘴雀，松树的球果会比较细长，比较重，外壳也比较厚。球果的变化可能是因为没有松鼠，所以缺乏松鼠造成的天择作用；但也可能是因为有红交嘴雀，而对球果产生天择作用。红交嘴雀喜欢短小、顶端翅瓣较薄的球果，而不管环境里有没有红交嘴雀，北美柱松的球果都朝反方向演化。结果，红交嘴雀也演化出比其他鸟类更粗壮的鸟喙；这种适应变化让它们更容易破坏球果，不过也让它们付出代价。要有更大的鸟喙，得有更大的身体，结果必须吃更多的食物。食物多寡以及体型大小是生存的关键，这点对种子来说也一样。

7

最大的椰子：大小

告诉我你想听什么： 70

棕榈能长多高？

椰子会有多大？

树叶都有多宽？

我不会三言两语就说完，

因为棕榈的历史，

是个长长的故事……

——约翰·艾格拉（John Agard, 1949 —）*，选自“棕榈树王”（Palm Tree King）[1]

海椰子（*Lodoicea maldivica*）又叫双椰子，是世界上最珍贵的一种椰子。一开始发现海椰子的过程，就像发现最壮观的恐龙化石一样，都是先发现流落在外的一小部分。世人起初在马尔代夫（Maldives）海滩发现海椰子，但其原产地其实在马尔代夫西南2300公里，非洲塞舌尔群岛的两座小岛上。海椰子的果实大小有如吹得鼓鼓的篮球，

* 英国剧作家及诗人，生于英属盖亚那（现已独立），1977年搬至英国。诗作屡获奖项，亦有多本童书创作。

71 为已知最重的种子，成熟时可达 23 公斤，等于坐经济舱时行李托运的重量限制。

虽然海椰子又名双椰子，但其实只有一个种子，只是分成巨大、浑圆的两瓣，酷似女性的臀部。在 16、17 世纪时，这种外形让人以为它有催情壮阳之效，即使原产地在塞舌尔群岛的消息曝光后，在伦敦一个海椰子仍叫价到四百英镑。一如“性”始终不曾在生命中缺席，海椰子和性欲的联想也相当持久。2003 年，伦敦索霍区（Soho）附近开了一家高档的情趣用品店，就是以海椰子（Coco de Mer）为名。

为什么海椰子这么大？恐怕不是为了增加浮力，或方便种子散布。新鲜的海椰子种子不会漂浮，而那些漂到遥远海滩上的海椰子则不会发芽成长，所以不像同属的椰子（*Cocos nucifera*），以善于海航至远地繁殖而声名远扬。与其称为海椰子，不如叫陆椰子来得贴切。海椰子的法文名 coco de mer 意为海上的椰子，英文名 double coconut 意为双椰子，拉丁学名 *Lodoicea maldivica* 意为来自马尔代夫的椰子。世界上应该很少有其他植物像海椰子一样有三个名字，但三个都是误称。

既然所有冲离塞舌尔群岛的海椰子都活不成，海椰子演化出的巨大外形肯定不是为了漂浮远行，而是为了让它在原生栖地发芽时有足够的养分。海椰子的原生栖地究竟有什么特征，让海椰子演化出这么大的种子？它又是怎么演化的？尽管海椰子这自然中的巨无霸如此非比寻常、赫赫有名，竟然直至 2002 年，才有人初次探讨它的演化历程。在
72 苏黎世的瑞士联邦理工学院（Swiss Federal Institute of Technology），彼得·爱德华（Peter Edwards）和他两位同事从事了这项研究，接下来的叙述大半都来自他们发表的研究报告。[2]

目前世界上仅存两处海椰子栖地，其一位于塞舌尔群岛里的普拉斯林岛（Praslin），岛上有一座名列世界遗产的五月谷国家公园（Vallee de Mai National Park），海椰子即生长于内。普拉斯林岛地质古老，由花岗岩山组成，可能是7500万年前，印度大陆与冈瓦那古陆（Gondwana）[译1]分离、北移时，从印度大陆漂移出来的。因此，塞舌尔群岛上的原生植物都是从冈瓦那古陆来的长途旅客，而像在夏威夷这样新生的火山群岛上的植物，则是最近才从其他地方移居来的。海椰子的亲属中，距离最近的大概是扇椰子属（*Borassus*）植物，但它也不在塞舌尔群岛上，而是生长于亚洲和非洲，其栖地比起海椰子生长的热带丛林干燥得多。所以海椰子不仅远离了起源地，也远离了祖先适应的干燥栖地。平凡的扇椰子近亲，原本生长在干燥草原，结的果实中可能有好几颗种子，个个像高尔夫球那么大；它是经由什么样的演化，导致最后结的果实只有一颗种子，却有炮弹那么大？

对此爱德华与同事提出了一个巧妙的解答，将所有证据干净利落地串在一起。塞舌尔群岛随印度半岛北移时，岛上的气候也愈加潮湿，逐渐从原本适合扇椰子生长的干燥栖地，转变为今日潮湿的热带雨林。当大陆气候变迁，某些地区变得适合生长，植物就会随之迁徙。最近一次冰河时代末期，随着冰河往北退去，北半球的植物也往北迁移。种子把鸽子和鸟等摄食种子的动物当成飞船，随着鸟类移动；只要一个世代的时间，植物就可以用这种方式推进一百公里。可是在普拉斯林这样的海

译1：根据韦格纳（Alfred Wegener）的大陆漂移说，两亿年前地球上所有的大陆连成一块，称为“盘古大陆”（Pangea），后来分成两部分：北叫“劳亚古陆”（Laurasia），南称“冈瓦那古陆”（Gondwana）。劳亚古陆形成北美大陆、格陵兰与欧亚大陆。冈瓦那古陆则分裂成为南美洲、非洲、澳大利亚、印度次大陆与南极大陆。

73 岛上，改变后的栖地里没剩多少能够适应的物种，因为当地没有鸟类可以载运种子，其他鸟类也很难飞到这地处孤绝的海岛。变迁后的环境里还没有适应良好的新物种，这就给了当地原有物种一个机会去演化，以符合新环境的条件，并抓住新环境的机会。大陆漂移的速度很慢，所以气候也是逐渐变迁，或许这也利于当地物种的演化改变。

有水分才有森林；有了水分，就能把土壤里的种子变成树木。随着气候变迁，塞舌尔群岛愈加潮湿，草木也愈发高大，而椰子的祖先——元祖椰子（proto-coco），就得和愈来愈高大的树木争夺光线。种子最大的植物在争夺光线时，几乎总是能胜出，所以当湿度上升，植物的高度和密度增加，植物的种子就会因天择而愈长愈大。发展至今，海椰子巨大的种子对幼苗生长大有帮助，第一片叶子的叶柄就长达1.5公尺，几年内小树的叶子甚至可长达10公尺。

和栎树、松树等树木相较之下，椰子树有个缺点，就是长高时树干不会随之变粗。所以，椰子树小的时候就必须先发展足够粗壮的树干，以备数十年后撑起长成的大树。这就好像新婚夫妻买房子，虽然没有担保品，眼下也用不到，还是会买间大得足够一家人住的房子。这时候，除非父母赞助一大笔钱或一大颗椰子，不然是办不到的。在17世纪的
74 伦敦，单单这一颗海椰子，就足以买一幢漂漂亮亮的房子了！

大概就是因为元祖椰子自小就得努力发展，日后才得以大放异彩；但它又是怎么达到一枝独秀的地位？或许这得力自另一个因素。元祖椰子的果实长得愈大，掉下来时就离母树愈近。想求发展，在母亲身边最是困难；不仅因为母亲永远比你大、你得活在她的阴影之下，也因为你的兄弟姊妹都在附近，你也得和它们竞争。演化想出的解决之道甚是简

单：如果种子太大移不动，移动幼苗不就得了！

海椰子和它在大陆的近亲都用一种很特别的方式萌芽。它们会从种子伸出一条长长的脐带，埋在土下30到60公分的地方，远远地延伸出去。海椰子和扇椰子的祖先很早就演化出这个秘诀，海椰子又故伎重演。在海椰子的幼苗从脐带尾端冒出来之前，这条脐带，或称为“养分输送索”，可以延伸到10公尺之远。储存在种子里的养分就借由这条管道输向幼苗，可达四年之久。借由这个特殊的机制，海椰子那原本不利后代散播的大型种子，倒转化成了有利后代散播的资产。大型种子虽有优势，散播的距离却很短，使后代必须彼此竞争；海椰子另辟蹊径，一举扭转了这种不利的限制。有了养分输送索，从各方面来说种子都应该愈大愈好，海椰子便在演化驱策下，发展出前所未见的巨大种子。

当然，要产生这么巨大的种子，付出的代价也很惊人。巨大的种子会拖延树木发育，而且一颗种子要花上十年光阴才会成熟。此外，雌树 75
能结的种子数量严重受限，一生中结的种子多半远少于一百颗。结子时，雌树树冠上发育中的果实可能高达五百公斤，在疾风中对雌树是很大的负担，甚至可能使雌树顶端应声折断。因为椰子树不分枝，所以树冠折断等于判了雌树死刑。海椰子雌树的风险实在太大，本来成树雌雄比应该是一比一，因为这个原因，雄树特别多，五月谷国家公园中几乎是每两棵雄椰子树才有一棵雌椰子树。

海椰子这种巨无霸生物既稀奇古怪，又叫人惊叹不已，不过它也和大家一样遵守演化的游戏规则，也就是——天择偏好有助子代流传的特征。天择在海椰子身上造成的结果之所以如此独特，只不过是因为海椰子的生长环境很特殊，祖先又演化出养分输送索，流传给海椰子，海椰子再将之化为自己的竞争优势。巨大的种子依旧是天择造成的结果。

种子有大有小，一般来说尺寸范围相当广。世界上最小的种子是兰花种子，有些仅有千万分之一克，大约是海椰子的两百亿分之一。这么小的种子要存活，幼苗一开始得先寄生在真菌上。至于其他种子植物，其种子的大小差异主要是各物种的生长形态不同所致。[3] 木本植物的种子通常比草本植物的种子大，这种差异被子植物演化初期就存在了。古代的裸子植物和现在的裸子植物差不多，也是木本的乔木或灌木，而演化自古代裸子植物的第一株显花植物大概是草本植物或小型木本植物，种子比较小。然而，椰子树从草本植物的祖先演化出来后，就扭转了这股朝小型种子发展的趋势。平均来说，一颗普通椰子的重量，比起关系最相近之草本植物的种子，重了不止 400 倍。[4]

76 对于像海椰子这样，幼苗必须和高大植物竞争的植物来说，庞大的种子显然是个优势。那么为什么有些植物还会演化出微小的种子？小种子能有什么好处吗？其实，每一粒种子，就像生存大乐透的一张彩券，彩券愈多，中奖几率愈大。小型种子之所以存在，可能是因为有干扰因素或其他环境限制，控制了植物间的竞争，使得天择未青睐产生少数几颗大种子的植物，反而偏好产生许多细小种子的植物。套一句达尔文祖父的诗句，这就是为什么“每株怀胎的栎树都孕育着一万颗橡实”。

8

一万颗橡实：数量

每株怀胎的栎树都孕育着一万颗橡实， 77

秋季的狂风骤雨又将之吹落一地。

——伊拉斯谟斯·达尔文，选自《自然的圣殿》

每到丰年，累累橡实见证了大自然的恩赐，对松鼠和野鼠来说更是如此。古时候的人非常重视这份礼物，古英文有一个词“mæst”特指“林中的食物”。“mæst”后来衍生出“mast”这个字，但现在大概只有住在森林里的人才会知道这个字还有这层意思。林中食物虽然免费，时间却不固定，栎树、山毛榉、松树等结坚果的树，有好几年果实都结得很少，只有极少数几年大丰收，称为盛产年(mast years)。盛产年的秋天，啮齿动物咀嚼高卡路里的大餐，身形也慢慢变得圆滚滚的，还懂得将剩下的橡实埋藏起来，之后再回来享用。

灰松鼠认得出哪些橡实藏着象鼻虫，它会先吃掉有象鼻虫的橡实， 78
留着没有虫的。[1]除了象鼻虫，橡实如果发芽也会让松鼠的存粮减少，有些松鼠在埋藏橡实前，会先将橡实顶端掐去一小块，如此一来就破坏了种子里的胚胎，种子不发芽，橡实蕴藏的养分就能保持完好。为此，有些栎树演化出对策，所结的橡实胚胎换了位置，不会被掐掉。[2]松鼠在橡实上挖洞破坏胚胎，栎树则移动胚胎的位置免得无法发芽，这只是演化中掠食者和猎物永无休止的竞赛里，其中一个回合的较量而已。

盛产年的森林盛宴中，不仅野鼠和松鼠是座上客，野鹿和小鸟也会来饱餐一顿。人类过去也吃橡实，土耳其加泰土丘（Catal Huyuk）的新石器时代遗址中便残留着橡实，显示早在八千年前，肥沃月湾刚发展出农业时，橡实还是主要的食物。[3]在小麦和大麦被驯化，于肥沃月湾栽种前，或许橡实首先提供了稳定的食物来源，让人类定居下来。采集与储存橡实所需的劳力，比栽种和收割谷类要少得多。

数千年来，直到 19 世纪末，橡实一直是北美原住民主要的粮食。[4]现在的加州杰克森镇（Jackson）附近过去住着米沃克族（Miwok），群居在一片长满栎树的林地里。米沃克族会用杵臼将橡实磨粉，如今在印第安磨橡石州立历史公园（Indian Grinding Rock State Historic Park）里，还可以看到部族共同使用的臼，保存在百孔千疮的石灰岩层中，诉说着自己对人类定居的贡献。米沃克人在盛产年捡拾橡实，储藏在粮仓里，以度过荒年。橡实里含有丹宁（tannins），吃起来有苦味而且无法消化，食用前多半必须先漂洗去除。有些加州原住民会把橡实埋在溪边，流过的溪水自然地将丹宁带去，而且由于没有足够的氧气，橡实也比较不会发芽或腐败。如今橡实粉依旧是韩国人的食物，一包包的
79 橡实粉也在欧美地区的韩国杂货店出售。

盛产年时注入森林生态系统中充沛的食物影响各种生物，并借由食物网如涟漪般向外扩散，而对野鼠或昆虫这种寿命短暂的动物来说，这种影响还扩及不同世代。盛产年时源源不绝的橡实让来年的野鼠多

了好几倍，因为盛产年时更多森林野鼠挨过冬天的酷寒，而这些野鼠在春天又生了大批小野鼠。但是这批婴儿潮诞生，使嗷嗷待哺的小野鼠比以前多，食物却比以前少，因此小野鼠必须以其他食物维生。根据纽约州的调查结果，1994 年橡实盛产，翌年春天，白足鼠密度高达过去的 15 倍。[5]没有橡实，野鼠只好找别的食物来吃，像是吃在土里过冬的舞毒蛾的蛹。野鼠吃掉了足足 34 倍的蛾蛹。舞毒蛾是外来物种，在北美东部会使大片森林的叶子掉落。[6]1995 年，由于鼠量剧增，白足鼠吃了许多舞毒蛾的蛹，那一年栎树才从舞毒蛾幼虫口中逃过一劫。

如果 1994 年出生的野鼠里有位潘格洛斯博士（Dr. Pangloss）[译1]，他一定会说 1994 年橡实大丰收，对野鼠、野鹿、鸟，以及后来栎树的树叶都意义非凡，正是“一切都是让万千世界中最美好的一个达到最美好的结果”[7]的明证。不过只要他晚一年出生，就不会这样想了。橡实的产量就像股票市场的数字一样，高涨之后随着就是暴跌，而且生态环境的反弹作用就和经济市场的反弹一样，力道强劲且影响深远。其实橡实数量大增也可能有负面影响，不仅影响生不逢时的舞毒蛾，也影响到人类，特别是住家附近绿荫浓密的康涅狄格州乡间居民。

新英格兰乡间被栎树密密包围，就像加州夏多内（Chardonnay）白
酒泡在橡木桶里一样。不过新英格兰区的栎树年代不长，存在的时间 80
和加州葡萄酒业差不多，过去标记田界的石墙在林中依然隐约可见。19 世纪中期，美国中西部较为肥沃、较易耕作的土地开放农耕后，东北

译 1：法国文豪伏尔泰（Voltaire）作品《老实人》（*Candide*）中的人物，抱持乐观主义，认为不管发生什么事，最后都会导向美好的结局。

部新英格兰区的田地就失去了经济价值，因而荒废，于是森林又占据了这片土地。比起 18 世纪梭罗在瓦尔登湖畔离群索居的那段时间，虽然 19 世纪起城市和郊区蓬勃发展，不过康涅狄格州新英格兰区的林木反而更多了。[8] 但森林里并非一切都很可亲。

1970 年代，康州莱姆镇（Lyme）附近出现了一种新的疾病，病人全身出皮疹、发烧，甚至产生慢性关节炎。大人小孩都染上了这种病，也有全家病倒的，就关节炎来说，这种病例聚集的方式前所未见。刚开始病因还没找出来，一位研究莱姆病的医生记录："有几条街的居民一家接一家地病倒……我拿了一张患者名单要打电话，有一次拨错了号码，可是接起来的那户人家，竟然有个小孩也有关节炎的症状！"[9] 这种病后来被称为"莱姆病"。之后的病因调查认为这起莱姆病流传和两年前橡实盛产有关。

原来莱姆病是由一种细菌引起，因为这种细菌在显微镜底下看起来像螺丝起子，所以称为"螺旋体"。科学家将这种新的螺旋体命名为"伯氏疏螺旋体"（*Borrelia burgdorferi*）。当地的白足鼠和白尾鹿身上都带有这种细菌，而有一种黑脚虱（或鹿虱，deer tick）会在白足鼠和白尾鹿身上各寄生一段时间，于是伯氏疏螺旋体就在两种动物间交互传染。受螺旋体感染的黑脚虱寻找新宿主时，如果咬了人，人也会染上螺旋体。人体皮肤上被咬的部位经常长出牛眼状的皮疹，皮疹即使未经治疗也会消
81 退，但病程持续发展，到了后期会造成关节炎和严重的神经症状。

鹿虱从一颗卵长到能产卵的成虱需要两年。由于伯氏疏螺旋体通常不会感染虱卵，所以刚孵出来尚未寄生的虱子身上并没有螺旋体。螺旋体如果没有大量宿源，虱子过了一代后身上就没有螺旋体了。螺旋体

的主要宿源是白足鼠，小虱子叮咬白足鼠、吸血后就染上螺旋体。

一开始，由于橡实盛产，野鹿和野鼠聚在一块儿，增加虱子在两者间互相传播的机会；接下来，野鼠密度增加，小虱子有了更多宿主。因此在橡实盛产两年后，虱子的密度大幅上升。此时（例如1996年的情况），虱子离开老鼠寻找第二个宿主，大概就是这个时候，人类到林子里走动时染上了莱姆病。由于森林重新生长，提供鹿群食物和遮蔽所，野鹿数量剧增，[10]虱子也更多，新英格兰区的莱姆病就比过去更加普遍。欧洲大陆也有莱姆病，但比较少见。英国有些地区鹿群数量亦暴增，又种植了许多林木，莱姆病也就更加有机会横行。

盛产年种子周期性的丰收对动物来说更重要。因为一个物种的所有树木，甚至不同物种的所有树木，在两千五百公里内，都会一起丰收。[11]盛产年时到处都是食物，但之后就什么也没有。丰年后乍然接着饥年，结果使整个北半球所有以种子为食的鸟类从平时的栖地轰然涌出，满山遍野；美国的黑冠山雀、松金翅雀都倾巢而出，离开平时的地盘。[12] 82

为什么不论温带热带，栎树及各种树木每年结的种子数量落差这么大？[13]毕竟，盛产年的缺点很明显。第一，生产种子会耗费树木的养分，集中在一个时间大量生产更会让树木在接下来的一两年内都长不快；第二，对以种子为食的动物来说，盛产的大量种子就像一顿白吃的午餐，喊着："快来吃我！"第三，非盛产年时如果有适合繁殖的机会，当初在盛产年大量结子的树木可能无法繁殖，而当初没有大量结子的树木就可以恣意繁殖，不必和那些挤在盛产年结子的树木竞争。显然在盛产年大量结子的树木栽了个跟头，而且到现在都还没学会教训。是这样吗？还是我们该让植物表达一下自己的看法？

对盛产年大量结果最简单的解释是，植物身不由己，必须随着天气变化调整产量。虽然气候似乎能触发种子同步大量生产，但气候变异只暗示了盛产的时机，并非推动盛产的原因。暗示和推动的差别可以用赛车来解释。挥动方格旗代表比赛开始，但方格旗不会推动汽车；汽车的前进速度由车里的驾驶决定。南亚地区地处热带，并无四季之别，与圣婴现象有关的气温上升即使幅度微小，但对当地的龙脑香树来说却是盛产年的暗示。龙脑香七八年才结一次果，不过盛产年的大旗一挥，龙脑香可是马力十足，结果量狂飙。[14]同样地，在北半球的森林，每年的气候变化诱发种子产生数量变异，但种子数量变异之大远胜气候变化。[15]所以气候变化推动盛产年的讲法说不通。难道大自然也出纰漏了？还是盛产年大量结果真的有好处呢？

83 不用说，大自然可没出错。盛产年是自然界的特殊现象，不用天择来看就解释不通。答案很简单。产量小，通常种子会被动物一扫而空；产量大，虽然会引来许多动物，但还是有很大一部分种子能留下来，这个现象叫做“捕食者饱食效应”（predator satiation）。盛产年大量结子是植物的策略，用来智取以种子为食的动物，在盛产年提供大量的食物塞饱它们，非盛产年期间又让它们饥肠辘辘。这项策略的威力有多大，只要看看以种子为食的鸟类在种子短缺时有什么反应，就相当清楚了。

植物在盛产年大量结子，动物不得不演化对策。啮齿动物储藏种子，但由于生命短促，常来不及把储粮挖出来。除非种子埋起来前经过破坏，否则都会萌芽。啮齿动物原本要把种子藏起来当食物，没想到最后反而帮了植物一个忙，替植物散播种子。由此可见演化一直以来如何扭转某个物种的策略，为另一个物种带来好处。在此，演化造成互利共生的关系，植物牺牲一点种子当做车资，让动物替它将剩下的后代散播开来。

吃种子的动物在饿肚子的时候，也可以迁徙到别的地方，但找到食物的希望渺茫，因为几千公里内，植物结子的步调一致，很远的地方可能还是没有种子。有些寄生在种子的昆虫发展出一种策略，在种子减产的那几年化蛹休眠，藏身在种子里，把种子当成餐厅兼育婴室。做得到的话当然很好，不过要是做不到就有点麻烦了；寄生在美洲山核桃里的象鼻虫就碰上这个麻烦。

如果你和我一样喜欢核桃派，我们都该感谢一下另一位核桃迷——核桃壳飞蛾(pecan nut casebearer)。奇特的是，虽然核桃壳飞蛾的幼虫会破坏刚长出来的核桃，盛产年的时候，这位敌人却会成为核桃树的盟友。怎么说呢？原来，盛产年时，虽然有一小部分的核桃会被核桃 84
壳飞蛾幼虫吃掉，但大部分刚长出来的核桃其实是核桃象鼻虫吃掉的。过了一年，出现了许多核桃壳飞蛾，更多更多的核桃象鼻虫，但核桃却少得可怜。在两个盛产年间，核桃还是会开花结果，但是不多，而核桃壳飞蛾会让核桃象鼻虫没办法在这时候产卵在核桃上，因为飞蛾的幼虫会抢先钻进核桃芽苞里破坏芽苞。

如果核桃壳飞蛾没有在非盛产年时抢走核桃象鼻虫的食物，在前一个盛产年时诞生的大量象鼻虫，可能会慢慢地将非盛产年仅有的少数核桃啃光，维持自己庞大的数量。如此一来，核桃树在下一个盛产年就很难把所有的象鼻虫喂饱，并且留下一部分的核桃。据估计，核桃壳飞蛾在非盛产年破坏象鼻虫可能产卵的地方，长期来说平均可以从象鼻虫嘴下救出七万多颗核桃。相较之下，核桃树只要付给飞蛾两百颗核桃的成本就好了。[16]

核桃树以及竞吃核桃的昆虫间的关系，说明了解生态互动能带来实际的好处。从核桃树和核桃果农的角度来看，对核桃壳飞蛾应该抱持着“敌人的敌人就是朋友”的态度。每个有机体，包括我们赖以取得食物的有机体，都处在生态互动的网络中，而我们多数的敌人都有它自己的天敌，就像舞毒蛾的天敌是白足鼠。善用天敌控制害虫和侵略性物种，这种方法就叫“生物防治”(biological control)。随着化学杀虫剂的缺点和危害日趋显著，农业与园艺方面的生物防治也益发重要。

85 栎树和其他结坚果的树木献出一部分的后代，作为请动物帮忙散播种子的代价。果树则以另一种方式来偿付代价。苹果、樱桃、梨子、桃子、梅子和其他的果树，每粒种子都以汁多(且通常)味美的果实当做车资，种子就包藏在果实里。比较果树和坚果树散播种子的策略相当有趣。两种树都请动物散播种子，而两种树和动物讲好的代价，动物都有可能不会遵守。站在纽约街头招出租车时，我可不会说：“看看我，多么肥美的大餐啊！快来带我走吧！”植物要怎么防范动物载它们一程时，拿走的比说好的多？

这就要看你怎么付费了。坚果树的付款系统相当先进，付出一部分的种子当费用，让动物为它们散播剩下的种子。坚果一定要好吃，这种方式才行得通，但坚果树也会用盛产年大量结果的方式填满动物的肚子，以免损失太多坚果。而果树则用“运多少，付多少”的方式付费。对果树来说，让动物吃太饱只会适得其反，所以果树每年结固定的果子，没有大量结果的盛产年。[17]为了保护种子，果树让种子变得有毒，像苹果和桃子的种子就含有氰化物。

坚果的种子都很好吃，不像水果的种子有毒。唯一的例外是腰果，腰果外有一层壳，还有有毒的内膜。这层内膜带有树脂油，会让皮肤起水疱，像毒常春藤一样造成惨况。[18]当然这些油在腰果上市前已经去除了，可是在野外，如果腰果咬下去会让嘴巴冒出一堆水，要怎么让人家帮它散播种子呢？如果只看腰果核，你绝对想不到答案。腰果是附着在多汁的果实外面生长的！腰果树的肉质花梗膨大，形成梨状果实，为亮黄或深红色，约五到十一公分长，每颗腰果都附着在果实底部，
成熟以后就悬挂在那里。所以，有毒的腰果原来也像桃子一样，采“运 86
多少，付多少”的方法付费，但有个怪癖，就是让人家运送的时候，喜欢挂在果实外面。又有谁抗拒得了挂在藤上，串串甜美的果实呢？

9

甜美的葡萄串：果实

我的生活多么美妙！ 87
成熟的苹果落在头顶；
甜美的葡萄串挤出佳酿
涔涔滴进我的口里；
玫瑰桃与细嫩的粉桃
自动落在我的掌心；

走路的时候，我被瓜绊了一跤，
我陷进鲜花，在青草上摔倒。[译1]

——安德鲁·马维尔（Andrew Marvell, 1621—1678）[*]，
选自"花园"（The Garden）

安德鲁·马维尔沉湎于幻想中，想象大自然将果实伸到他的头顶，而他好比堕落之前的亚当，住在伊甸园里。如今距马维尔写下"花园"，又过了350年，即使不是基督徒，也会同意他的看法，那就是水果天生

译1：译文参考自杨周翰译《十七世纪英国文学》，北京：北京大学出版社，1996。

* 17世纪英国玄学派诗人，作品糅合玄学诗派的严谨与伊丽莎白时代抒情诗的优雅。

便是要让人享用的。这一点我们能用演化来解释吗？如果从植物的观点
88 来思考问题，那就可以。水果就像个包裹，将种子送往世界各地，通常装扮得光鲜诱人以吸引动物，并铺设了汁多味美的果肉作为回报。饱满的果实是交通工具，种子一如受到小心呵护的乘客，鸟类及哺乳动物则是散播的动力。闪耀多汁的小莓果往往引得鸟儿群聚，将莓果的后代运送到远方。有些莓果散布得太广，甚至成了令人头痛的杂草。[1]

比起马车之于马，或是婚姻之于爱情，种子和果实更是天生一对。从种子植物的祖先开始，种子和果实在生物演化上早已深深连结在一起。相较之下，从语言的角度来看，种子和果实的隐喻可说是彼此对照。“种子”一词暗喻了开始，含有尚未实现的潜能之意；而“果实”则非潜能的集结，而是成就的奖赏。我们都渴望享用付出换来的成果，不是吗？

为什么以果实来比喻奖赏？原因很简单：演化就是将果实设计成奖赏，来吸引我们动物。果实之所以用来比喻奖赏，起源于灵长类偏爱这些甜美又营养的大自然献礼。不过，我们喜欢水果，不只是因为水果有奖品的意思，更多是因为灵长类原本就热爱水果。我们演化上的祖先以水果为食或许造就了灵长类的色彩视觉。不过，在从人类的角度研究水果之前，我们应该先想想水果是怎么演化的。从植物的观点来看，为什么要有水果？

严格来说，用这种方法提演化问题是错的，因为问某个东西的用途为何，暗示天择带有目的。天择并没有目的，而是一种盲目标机制，偏好任何可以流传到下一代的遗传特质。然而，即使是专业的演化生物学家，也会无意间脱口问出这个问题。比起虽然正确却冗长的问题，像

是“为什么植物结果可以增加自己对后代的基因贡献？”这种说法比较 89
方便快速。

果实诱使动物在结果的植物处流连忘返，或许之后会将种子携离；若果实大，动物可能含在嘴里或抓于掌中，若是小小的果实，像是莓果，则可能装进肚子里。“为什么要有水果”的原因就是要散播种子，答案看起来实在很明显，让你不会想到要问，对演化来说，“散播种子有什么好处？”这个问题比较深，答案并不如表面上看来的明显。这也是个具有普适性的问题，因为除了植物和果树之外，所有的有机体都有散播后代的机制。散播后代必定有极大的好处，因此所有生物都会散播后代。

乍看之下，不散播后代有两个很好的理由。第一，如果你能够成功繁衍后代，代表你居住的地方很适合你这样的生物。如果你在这里过得不错，你的子孙应该也会过得不错。其他地方没有去过，没有测试过，不保证能繁衍后代。第二，对幼小的动植物来说，散播的过程本身就危机重重，幼小的动物和植物大部分在散播的过程中死去，若不是在散播者或掠食者（有时两者是同一种动物）口中死亡，就是被带至不适合生长的地方，在生长过程中夭折。这似乎是两个很强有力的理由，说明散播的缺点。那么，散播到底有什么优点呢？

1977 年，两位演化生物学家比尔·汉弥尔顿（Bill Hamilton）和鲍伯·麦伊（Bob May）以数学模型探讨散播后代的过程，厘清了何以散播后代对所有生物都有好处。[2]用数学的抽象语言表达现实生活的情况，可以集中讨论问题的核心，更容易去解释由模型得到的答案，并加以推论。汉弥尔顿和麦伊在模型中设想了一个简单的世界，有机体占据数量有限的几个栖地空间；幼年动植物若要发展，必须找到空的栖地；到了年底，所有成熟的植物都死亡，空出所占的空间，并释出后代。汉弥尔顿和麦伊设想了两种有机体，散播后代的行为各不相同。为了纪念
90 这两位学者，我把其中一种有机体叫做“比尔”，另一种则称为“鲍伯”（请不要在意名称的性别——植物通常雌雄同体）。你可以把这个模型想象成一场比赛，比尔和鲍伯在比谁能为自己的后代争取到更多空间。

比尔将一部分的后代散播出去，而鲍伯比较恋家，把所有种子都留在自己的空间里。幼年植物的数量总是大过生长空间的数量，所以许多幼年植物都会死亡。赌赌看，谁能赢得比赛，获得最多的空间？是散播后代的比尔，还是不散播后代的鲍伯？汉弥尔顿和麦伊的模型显示，即使散播出去的幼年植物死亡率很高，但散播后代的一方总是能胜出。因为无论是散播型或居家型的植物，都有很高的几率能在原本的空间重新生长，但只有散播型植物有机会开拓新的空间。即使开辟新空间的机会非常非常微小，还是给散播型一个优势胜过居家型，因为居家型永远没办法开辟新的疆域。仔细想想还蛮明显的，不是吗？

现实世界中，待在家还有别的危险，而散播的危险则有办法消除，这两个因素都让比尔的策略优于恋家的鲍伯。家里的一大危险，就是母树可能成为天敌驻扎的大本营，有些毛毛虫或菌类传染病就是特别喜欢某种植物。散播出去就能避开这些特定的天敌。我在《伊甸园里的恶魔》（*Demons in Eden*）一书中探讨过这点对生物多样性深远的影响。如果植物可以吸引特定的散播者，将种子播散到适合生长的地方，就能降低散播的风险。直到最近，一般认为植物无法自行散播，但愈来愈多的证据推翻这种看法。[3]槲寄生就是最好的例子。

槲寄生科品种繁多，寄生在树枝上，因此种子得降落在半空中的 91
栖地才能萌芽成长。为了解决这个问题，有些槲寄生的果实，像是欧洲的白果槲寄生(*Viscum album*)，就含有非常黏稠的果胶，能安然通过鸟类的肠胃。鸟类吃了槲寄生的果实，在枝干上抹嘴或排泄，槲寄生的种子就会黏在树枝上，之后便会萌芽。鸟类似乎对自己吃的槲寄生相当忠贞不渝，这些鸟有时就以它们爱吃的槲寄生品种命名。槲鸫（*Turdus viscivorus*）特别喜欢白果槲寄生；欧洲某些地区白果槲寄生相当常见，在槲寄生结果的季节，槲鸫会顽强地守住槲寄生寄居的树木。[(4)]

在澳洲，槲啄花鸟(*Dicaeum hirundinaceum*)以当地一种灰槲寄生（*Amyema quandang*）为食；槲啄花鸟总是停在直径大小恰好可让槲寄生幼苗成长的枝干上。[(5)]枝干太细，承受不住槲寄生；枝干太粗，树皮又会太厚，槲寄生幼苗的根无法穿透。种子直接散播还有其他的例子，像是鸟与星鸦会散播某些松树的种子，连蚂蚁也会为比较小的植物散播种子。由这些固定的动物散播，种子就比较有可能落在适合的地点。就像房地产经纪人说的，最重要的三件事，一是地点，二是地点，三还是地点。

明白了散播的重要，就容易了解水果的演化了。事情发生在很久以前，当时显花植物和哺乳类都还没出现。第一个裹住种子的果实，来自早期的种子植物，像是银杏或铁树；这些果类不像马维尔提到的苹果、葡萄、甜瓜或桃子，严格来说不能叫做果实(只有显花植物结的才叫果实)。[(6)]两亿五千多万年前的化石沉积物中，曾发现银杏形状独特
的扇形叶子。由于果实柔软的组织无法形成化石，我们无从确知古时的 92
银杏是不是像现在一样，具有肉质、散发异味的果肉；不过古生代晚期

的爬虫类一定会受果肉吸引。后来，到了中生代，约两亿五千万至两亿六千五百万年前，恐龙等爬虫类成为外覆果肉的种子主要的摄食者。不过这些爬虫类的色彩视觉如何？它们看得到鲜红欲滴的莓果，或成熟水果鼓胀发亮的外皮吗？鸟类是恐龙在现代的子孙，照鸟类的色彩视觉来判断，爬虫类的色彩视觉比我们好多了。

色彩就像美一样，只存在观者的脑中。在环境中，人类和其他动物所察觉的色彩并不是本身就存在那里，而是大脑从输入的感官讯息建构出来的。了解感官输入的讯息，就能比较不同个体或物种的色彩视觉能力。鸟类和爬虫类能看到的光线波长范围从紫外光（310 纳米，一纳米为十亿分之一公尺）到红光（700 纳米），人类等哺乳类则只能看到波长 400 至 700 纳米的光线，所以鸟类和爬虫类可以看到紫外光波段（310 至 400 纳米），而我们看不到。

动物能察觉的光线波长范围，主要由眼睛视网膜上特化的光线受器数量而定。在非常黯淡的光线下，视觉要依赖视杆细胞。视杆细胞对我们能侦测的波长范围中段特别敏感，产生单色影像。在黯淡的光线中我们看不出色彩，因为视杆细胞只有一种。要察觉色彩，大脑接收的讯号，必须至少来自两种不同类型的受器，每个受器只对特定的光线波长反应。我们不能从单一类型受器接收的讯号判断色彩，是因为受器细胞对某个范围内的波长都会反应，只要受到此波长范围内的光线刺激，
93 无论波长（色彩）为何，都会送出相同的讯号到大脑中。只有当大脑辨识出讯息来自对不同波长敏感的细胞，才能比较讯息，以察觉色彩。

用以察觉色彩的特化受器细胞称为视锥细胞。视锥细胞有好几种，且相较于视杆细胞，要在比较亮的光线下才能运作。多数鸟类有四种视

锥细胞，分别对紫外光、蓝光、绿光和红光特别敏感。视锥细胞各自对不同波长敏感，是源自一种光敏蛋白，称为视紫质蛋白（opsin）。视紫质蛋白受光会改变形状，引发神经冲动，直抵大脑。不同视紫质蛋白的分子间有微小的差异，让不同的视紫质蛋白因不同波长的光反应，激发神经冲动。每种视锥细胞都包含一种特定的视紫质蛋白。

多数鸟类、爬虫类，甚至是金鱼，都有四种视锥细胞，具有四种颜色的色彩视觉。然而，多数哺乳动物如狗和马，却只有两种视锥细胞。狗和马没有对中间波长（绿色）反应的视锥细胞，绿光和红光刺激的视锥细胞相同。[7] 所以，下次当你准备在纽约中央公园乘坐马车，来一趟浪漫之旅前，我建议你先确定你的马车夫不是红绿色盲（红绿色盲在男性中可是相当普遍），否则马和马车夫遇到交通号志的时候，都不知道应该红灯停，绿灯行。

同样是脊椎动物，为什么比较低等的金鱼都有四种色彩视觉，哺乳动物却只有两种？而灵长类为什么独树一帜，有三种视锥细胞，比一般哺乳类多一种色彩视觉？答案就在演化史中（没错，而且确实和水果有关）。

哺乳类起源于中生代，当时是爬虫类的天下，哺乳类只是小小的夜 94
行食虫动物。早期的哺乳类既然是夜行动物，视觉上就比较依赖视杆细胞，而非视锥细胞，失去两种视锥细胞不但不要紧，可能还是一项优势。一项研究比较正常人和只有两种色彩视觉的人（红绿色盲），发现在辨认以色彩掩藏的图形时，色盲的受试者表现得比正常人出色。[8] 除了人类以外，在实验室以其他灵长类做研究，也得到相同的结果。[9] 上述研究的实验室情境可能和中生代差距很大。但是，想象一下，在中生

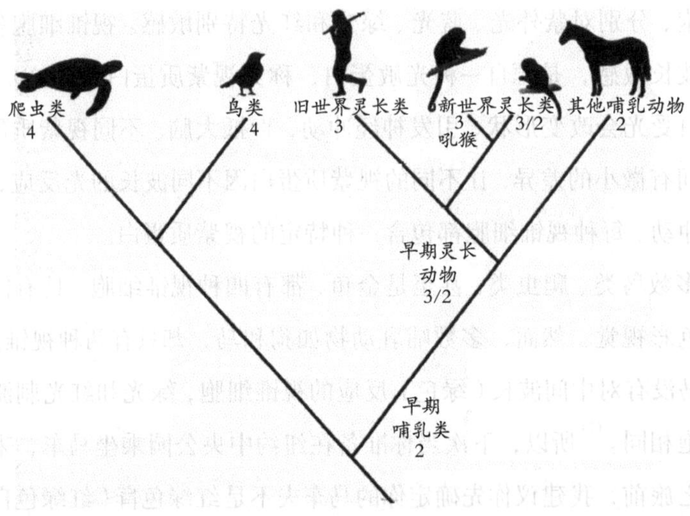

图 9.1　灵长类和其他脊椎动物的色彩视觉演化。（数字代表视锥细胞类型的数目，3/2 代表多态视觉，见文内说明。）演化树分枝的长度不代表时间比例。

代，有只哺乳动物因突变而仅有两种色彩视觉；薄暮时分，它出来搜寻觅食，发现比起拥有四种色彩视觉的原始动物，自己更容易发现有保护色的昆虫，而可加以捕食。两种色彩视觉的优势，便经由天择传播开来。用进废退在演化史经常上演，天择让资源物尽其用，不至于浪费在多余的器官或细胞类型上。

无论发生过什么事，显然哺乳动物在演化早期失去了两种视锥细胞（请见图 9.1）。人类还是看不到紫外光，不过身为灵长类的一员，人类又重获对绿光敏感的视锥细胞。我们有三种色彩视觉，光线受器对光谱中红色、绿色和蓝色最为敏感，所有计算机和电视上显现的色彩都可以证明。电子显示器能显示数百万种颜色，借由组合显微粒子大小的红色、绿色和蓝色像素，创造我们看来觉得栩栩如生的影像。如果电子显示器是专门为狗设计的（这只是时间早晚的问题），因为狗只有两种视锥细胞，只要用蓝色和红色两种像素，就能创造出狗儿看来栩栩如生的影像。给金鱼看的电视，当然就得有红色、绿色、蓝色和紫外光四种 95
像素。噢，扯太远了。

再回到中生代晚期吧，恐龙一度统治全地球达整个地质年代之久，六千五百万年前突然绝种；对早期哺乳动物来说，世界整个改变了。恐龙灭绝，预言了哺乳类即将崛起。恐龙消失后，白天不再专属于爬虫类，从昼行性的哺乳动物演化出各种动物，包括昼行性的灵长类。它们吃什么？现今猴子和猩猩的食物中，水果占了一大部分，暗示早期灵长类的祖先也以水果维生。[10]依原始人的牙齿化石判断，像是从据信为人类祖先的阿法南猿（*Australopithecus afarensis*）的牙齿来看，它们也适应了吃水果。

试想一下哺乳类从夜晚捕食昆虫，转换为白天摘食水果这段期间的情况。当时大多数的水果已经随着有四种色彩视觉的鸟类或其他恐龙共同演化，有两种色彩视觉的灵长类要怎么应付这种状况呢？从现代 96
鸟类吃的水果，我们可以猜出当时水果的颜色。能吸引现代鸟类的水果，大多是红色或黑色的。[11]举例来说，山桑子在人类眼里看来几乎是黑色的，不过山桑子能反射紫外光，鸟类就能用紫外光波长搜寻山桑子。[12]在鸟类看起来，山桑子就像红色的冬青果对人类那样地显眼。再试想，小型水果为了让鸟类散播种子，以紫外光吸引鸟类觅食，但早期灵长类既有红绿色盲，又无法看到紫外光。灵长类能顺利觅食吗？特别是和鸟类竞争时，胜算又有多大？

如果你要为吃水果的灵长类改造两种色彩视觉的视力系统，你会怎么做？很明显地，改变红绿色盲，让灵长类在一片绿叶中能看到红色的水果，是个解决办法。看来演化想到的就是这个办法。演化是个渐进的过程，灵长类从两种色彩视觉转变为三种色彩视觉，历经了两个截然不同的阶段。在第一个阶段，有个基因原本可以产生对红光敏感的视紫质蛋白，此基因突变后，产生了另一种形式的蛋白，能感应绿光。

一个基因可能有不同形式，其中任一形式，就称为对偶基因(allele)。人类和哺乳动物每一个基因都有两个对偶基因，一个位于来自母亲的染色体，一个位于来自父亲的染色体。因此，如果一个族群中有两个不同的对偶基因，个体若不是得到两个一样的对偶基因，就是两个各不一样，端视从双亲那里遗传到什么。族群中的对偶基因若不止一个，此基因影响的特征就称为多态型(polymorphic)。灵长类群体有红色和绿色两个对偶基因，故色彩视觉为多态型。在此族群中，个体能看到什么颜色，取决于具有哪个对偶基因。

由于制造红色或绿色视紫质蛋白的基因位在X染色体上，原本多态型的色彩视觉因此变得更加复杂。X染色体是性染色体，在灵长类
97 等哺乳动物中，雌性有两个，雄性只有一个。这表示雄性只有一种视紫质对偶基因(红色或绿色)，而雌性则会有一种或两种(两个红的、两个绿的，或一红一绿)。在这样的情况下，新世界猴子的雌猴可能在其中一个X染色体上，有能产生红光敏感视紫质蛋白的基因，在另一个X染色体上，则有能产生绿光敏感视紫质蛋白的基因。再加上蓝光受器，雌性的视网膜上就有三种视锥细胞，能接收蓝、绿、红光，赋予雌性三种色彩视觉。相较之下，雄性只有两种色彩视觉，因为雄性只有一个X

染色体，它们的视紫质蛋白只有一种，不是红色就是绿色，但不会两者兼有。雌性如果有两个相同的对偶基因，自然也只有两种色彩视觉。

现在回到水果的问题。有三种色彩视觉的雌猴，可以从额外的色彩得到多少好处呢？我们知道不同的视紫质，对水果颜色和衬托水果的绿叶会有不同的光谱反应，借由比较这些反应，就能清楚了解拥有两种色彩视觉和三种色彩视觉的猴子实际上看到了什么。相关研究已获行为实验证实，不需要直接以动物实验。[13]结果显示，三种色彩视觉有两个优点：在绿色背景中，红色的水果特别显眼，尤其是光线昏暗的时候；[14]而且因为水果成熟时会染上一抹红色调，三种色彩视觉也有助于判断水果是否成熟。[15]即使是人，如果是色盲，也很难在枝叶间找到水果。[16]

你或许还记得，刚开始讨论灵长类三种色彩视觉时，我曾提到三种色彩视觉演化有两个阶段。视觉的多态型（能看到什么色彩，由多个对偶基因决定）只是第一个阶段，显然还不完整；而我身为男性，或许还要大胆地说这个阶段有所缺陷，因为在这个阶段所有男性都没有三种色彩视觉，这表示在视觉多态型族群中，有三种色彩视觉的还不到一半。不过，在新世界灵长类中，有个物种的所有个体都演化出完整的三种色彩视觉，那就是吼猴。 98

不像其他新世界猴在 X 染色体上只有一个视紫质基因，吼猴位于 X 染色体上的视紫质基因产生复制，所以吼猴有两个视紫质基因，一个产生绿光受器，一个产生红光受器。因为这两个基因都在 X 染色体上，即使是雄猴，只有一个 X 染色体，也能有三种色彩视觉。将吼猴的色彩视觉和其他相关物种的多态型色彩视觉比较，可以发现，三种色彩视觉带给吼猴最大的好处，就是让它们更容易发现新生、带红色的树叶，这些树叶是吼猴主要的食物。三种色彩视觉并没有让吼猴更容易发现水果。

完整的三种色彩视觉是怎么演化出来的呢？这个问题很有趣，因为这种演化实际上发生了两次，一次发生在新世界的吼猴身上，另一次发生的时间早得多，出现在所有旧世界灵长类的祖先身上，也就是我们人类的祖先身上（请见图 9.1）。所有旧世界的灵长类都有完整的三种色彩视觉。吼猴 X 染色体上的视紫质基因产生复制，可能是染色体对在重组以产生卵子（以及精子）时，发生了错误。一般来说，染色体重组时，会互换同样长度的染色体片段，但是如果互换的染色体片段长度不同，其中一个染色体会出现多余基因，另一个染色体会缺少基因。

DNA 序列分析显示这个情况必然曾经发生在吼猴的共祖身上，它们的两个 X 染色体（有两个 X 染色体，所以必然是雌猴）上因此有双倍的视紫质基因。由于原先两个 X 染色体重组时，一个带有红色对偶基因，一个带有绿色对偶基因，所以可以推测，吼猴 X 基因上的两个视紫质基因会产生不同的受器。由于在单一染色体上拥有两种不同的感光受器能带来优势，所以这种基因变化会流传下去，成为整个物种的固
99 定特征。

食物在两个灵长类群体演化三种色彩视觉的过程中，似乎都发挥了作用。吼猴偏好新生、带红色的树叶，似乎因而驱使了三种色彩视觉的演化。在旧世界灵长类中，则是因为以水果为食，而推动了演化。我们人类从所有旧世界灵长类共同的祖先身上，继承了三种色彩视觉，而这位祖先 X 染色体上也产生视紫质基因复制。不过，旧世界灵长类祖

先的基因复制，是由可在基因组间自由跳跃的转位子自我复制而成，就像天然的基因工程。人类的染色体内四散着转位子这种DNA寄生物；其中有一个称为“Alu”，可能与视紫质基因有关，涉及不同染色体间的不对等交换，使得X染色体上产生额外的视紫质基因。[17]上述基因交换必然在四千万年前，所有现存的旧世界灵长类演化出来之前就已经发生，因为现存的灵长类都有三种色彩视觉，就像人类一样。如果能回到过去正确的时间，找出新世界和旧世界灵长类的共同祖先，大概会发现它们的视觉系统就像现在大多数的新世界猴一样，也具有多态型的视觉系统。

除了颜色，还有其他讯息可以让人知道水果成熟与否，但颜色对人类心理的影响不容小觑。超市知道可以卖亮红色、还没成熟的西红柿或桃子给顾客，这些水果都是特意繁殖，让消费者误以为已经成熟，红色让它们看起来很吸引人。水果区的标语写着“想捏我，请先带我回家”，听起来很可爱，但这表示超市也体认到，我们不会光用看的就买超市的东西。我们会忍不住摸摸水果，闻一闻，试吃一下，就和其他灵长类一样。不过，我们可以放心地说，由于我们有这样的视觉演化史，水果不仅对口腹是项盛宴，对眼睛也是如此。

10

有翼的种子：散播

狂野的西风啊，你是秋神的呼啸…… 101

驾着长车，吹送有翼的种子

睡到黑暗的冬床，

冰冷，深藏

仿佛一具具尸体躺在坟里，直待

你春天的姐妹吹起碧空的风。

—— 波西·毕西·雪莱（Percy Bysshe Shelley, 1792—1822）[*]，

选自“西风颂”（Ode to the West Wind）

漫漫历史中，人类必定曾抬头凝望在穹苍中翱翔的小鸟，梦想能够飞行。大自然虽鼓动人类飞行的理想，却没有赋予我们能力达成理想。我们在想象中勾勒能飞行的人，天生带有羽翼，仿佛只要有了翅膀这种神奇的装备，古埃及的人面狮身像（Sphinx）就能拍着鹰翼飞翔，墨丘

* 英国浪漫主义重要诗人，《科学怪人》（*Frankenstein*）作者玛丽 · 雪莱（Mary Shelley）的夫君。雪莱诗作与其人思想常见矛盾，然朴素与乐观总是在最后胜过形而上的抽象与感伤，作品具高度浪漫主义精神，可惜英年早逝。

利（Mercury）就能穿着带有翅膀的凉鞋升空，斯堪的纳维亚传说中的女武神（Valkyries）就能乘着魔骑在空中穿梭，天使就能上达天堂。鸟类飞翔引发人类飞行的愿望，但人类飞行所需的动力，却非像鸟类一样拍动翅膀就能获得。[译1]我们最终能征服天际，靠的不是摹仿鸟类，而
102 是学蓟花一样跳伞，学有翼的种子一样滑翔，学枫树的果实一样直升起降。我们渴望成为小鸟，却因仿效植物才得以遨游。

莱特兄弟小时候应该不会跟他们手艺灵巧的妈妈说，以后的梦想就是像种子一样在天上飞，不过身边的人都感觉得到。他们做的木制飞机上有一对固定的机翼，上面覆盖的细棉布取自棉花纤维，而棉花种子正是用这些纤维在空中飞翔。当然，早在莱特兄弟放弃自行车修缮事业，追求更高的理想之前，植物就演化出飞行能力了。而早在达·芬奇（Leonardo da Vinci）画出螺旋状飞行器的草图前，甚至在达·芬奇的祖先智人（Homo sapiens）出现前，枫树的种子就乘着螺旋翼远行了。早在陆地上的恐龙演化为鸟类之前，针叶树的种子就已在空中飞舞了。

种子中最擅长飞行的，大概要属乘风滑翔的藤蔓植物翅葫芦（Alsomitra macrocarpa）。翅葫芦产于东南亚热带雨林，为瓜科植物，藤蔓攀爬 5 公尺，达雨林树冠，结的果实形状和大小都像颗巨大的足球。果实于成熟后裂开，果肉风干后，带有翅膀的种子便从果实下方裂缝落下，以轻薄透明的翅膀在空中滑翔。种子两翼顶端的距离约是 12 公分（请见图 10.1C）。豌豆大的种子安坐在驾驶舱内，可以滑出数百公

译 1：罗马神话中，墨丘利为天神宙斯的儿子，头戴有双翼的帽子，脚穿飞行鞋，动作优雅敏捷，为宙斯的使者。

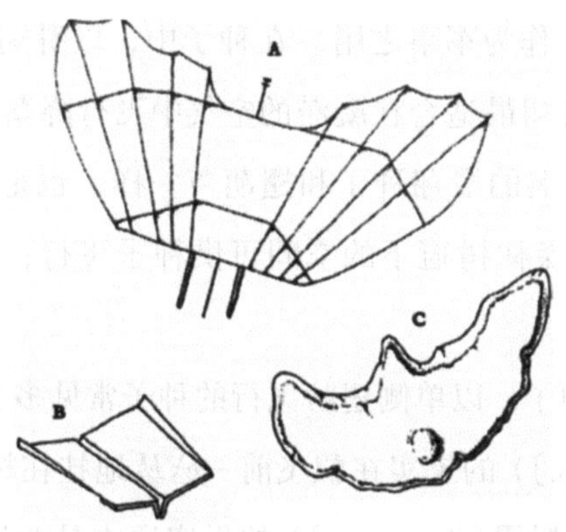

图 10.1 （A）一种飞机的机翼，形状灵感来自翅葫芦的种子。（B）世界上最棒的纸飞机样式。（C）翅葫芦的种子。

尺远，顺风的话，甚至可以飘到海上，落到船的甲板上。顺风有助种子散播，不过未必有助种子未来发展。种子散播得太远不一定是好事。

奥地利人伊戈·艾垂奇（Igo Etrich）受到翅葫芦种子的形状启发，设计出一艘滑翔机，机翼的形状就和翅葫芦种子一样（请见图 10.1A）。[1]这架飞翼式飞机没有尾翼，飞行得极为平稳；早期有位英国飞行员示范飞行的时候，还企图放开双手不控制飞机，满不在乎地边飞边在笔记本上涂鸦，结果差点坠机。纸飞机在空中停留最久的世界纪录超过十八秒，创下纪录的是一架无尾翼纸飞机（如图 10.1B），样式正是发展自翅
葫芦的种子，具有稳定的空气动力。 103

一般的飞机和纸飞机或滑翔种子不同，必须像鸟类一样可以操控。这有点可惜，因为飞翼式飞机本身相当平稳，能够自己滑行。为了解决操控问题，艾垂奇在翅葫芦形状的飞翼后加了一个像鸟一样的尾翼，创造出具有动力、可以操控的飞机型式，结果大获成功，在第一次世界大

战时还大量制造，作为军事之用。在种子中，以滑翔散播其实相当罕见，可能是因为滑翔最适合在凝滞的空气中飞行降落，但这类环境并不常见。另一个有名的滑翔种子和翅葫芦一样，也是生长于热带森林中的藤蔓；[(2)] 热带森林树冠下的空间可供种子飞行，同时不受强风的吹袭。

比起滑翔的种子，以单侧翅膀飞行的种子常见多了。白蜡树（白蜡树属〔*Fraxinus* spp.〕）的果实在飘飞前一丛丛地挂在树干上，就像一串串钥匙；枫树（枫树属〔*Acer* spp.〕）的果实原本是两片相连的双胞胎，起飞前才分开。松树所有的果实，除了最膨大饱满的，全都有翅（充满
104 脂肪、没有翅膀的松果由动物散播）。单侧翅膀多次在不同的植物族群中演化出来，种子愈大，翅膀就得愈大，才能散播。以整颗种子的质量，除以翅膀的面积，所得的比值称为翼面负载（wind loading）。翅膀面积最大的世界冠军是巴西斑马木（*Centrolobium robustum*），巨大的种子外披针刺，翅膀可达 30 公分。[(3)] 如果你在树林里看到这样的种子一边旋转一边向你逼近，一定会想拔腿就跑！

据我所知，还没有哪个人类的飞行员曾经尝试用单边翅膀飞行；像个陀螺一样打转，生死系于一“翅”的滋味可不是好玩的。直升机需要特殊设计，才能避免机体朝螺旋桨相反的方向打转。对种子来说，旋转飞行的好处除了在凝滞的空气中可以延缓下降速度，起风的时候，还可以由风往上吹送。

蒲公英、柳兰及棉花的种子形态看来很适合飞行，但是实际上许多似乎都飞不远；看看植物四周飞不远的种子残留下来的茸毛四散一地，由此可见一斑。很明显地，许多带着降落伞的种子对飞行并不拿手，许

多有翅的种子也一样。这些迹象叫人困惑，但是种子演化，遵循的是适用多数个体的定律，而非由一般种子的命运决定。一如有些万中选一的种子能够逃过动物的咀嚼，繁衍下一代，也只有空中霸主，而非早早落在地上的飞行逊咖，才能将亲代的基因流传后世。

造就空中霸主要什么条件？机运绝对很重要，所以才有那么多种子产生：射出的种子数量要多，才有成功的机会。翼面负载低可以加分，105
但亲代树木的特性也很重要。种子散播研究显示，蒲公英之类的植物可能并非随机地释放种子；风媒种子连结着植物枝叶，风力够强才能将之吹拂开来。[4]而树的枝条具有弹性，强风吹袭会摆动，或许也能在正确的时间点帮助投出种子，让种子由空气紊流带动，飞转而上。动物也懂这个道理：红毛猩猩利用自己的体重，刻意摆荡枝条，好轻松地荡过树与树之间的缺口。[5]体育运动方面，撑竿跳高选手也用同一种技巧，用竿子把自己撑向天空。种子、猩猩还有撑竿跳高选手，无一不是借助树木的弹力飞行。

直到最近科学家才发现风力和空气紊流对长途散播的风媒种子很重要，这实在叫人出乎意料，而发现这点的是位极具想象力的生物学家。他是普林斯顿大学的教授亨利·霍恩（Henry Horn），数十年来，以个人独特的方式观察自然世界，一度还模仿蝴蝶的视野做了副眼镜，透过眼镜观察世界。1990年代中期我造访他，他的门上贴了张标语，写着自谦之词“前青年才俊”，指的是他当研究生时，写过一本极具开创性的著作《树木的演化适应几何学》（*The Adaptive Geometry of Trees*）。我拜访他那时，他正拿着一个自己做的简单设备，研究有翅种子如何平稳地盘旋。他认为，有翅种子可以借由风的涡流散播得很远，就像冲浪手乘着碎波冲浪。模型显示有此可能，但风的涡流能否持续够长的时间，将种子远远散播出去，依然不无疑虑。

霍恩以他一贯别出心裁的方式解决了这个问题。2005 年，他在纽约中央公园做田野观察，当时艺术家克里斯托与珍妮-克劳德（Christo and Jeanne-Claude）在公园里展出装置艺术，一路沿着人行步道，每隔四公尺竖起一座栅门，共立了 7500 座栅门；栅门为拱形，高 5 公尺，垂挂着橘黄色的布帘，恣意随风翻飞。这座地景艺术恰巧成为
106 一座完美的田野实验室，可供研究风涡流的持续时间与路径。霍恩拍摄一长串的栅门，发现有些涡流可以持续一分半钟以上，一路扫过 100 公尺的布帘。他计算后发现这样的涡流可以将种子从出生地散播到五百公尺远的地方，比之前想象远得多。[6]

种子能散播得远是一回事，但散播后的种子要能成家立业，又是另一回事了。我们怎么判断种子是否顺利散播到远方？很奇特地，证据并非来自现代，而是来自过去。在温带地区，也就是北美以及欧洲的主要地区，当地有许多野生林木，如果你住在那里，可能会在林里健行或遛狗，但这些树林里其实藏了个秘密。这些树看似年高德劭——以人类的寿命来衡量的确如此，但以树木的时间来衡量，却只能算初来乍到。

很久以前，大概是“雪曼将军树”的年龄六倍那么久，即大约一万两千年前，温带地区还是一片冰雪覆盖的冻土，没有树木生长。当地现在还能看到冰河时期的地质特征，由冰川、冰床、冰河融雪形成，但也有一些植物的痕迹。12000 年前，冰向北方退去，树木也随之北移，埋在地底的花粉粒就像树木移动留下来的足迹，显示树木推进得非常快。这些足迹透露了一项道理：从种子散播的平均距离，我们也许以为树

木是悄悄、慢慢地前进，但事实上，树木占据温带地区的速度比想象中快得多。这项道理几乎适用于所有的树木。树木迁徙的步调并非由种子行进的平均距离决定，而是由辽阔的大前方担任先锋的种子所决定。种子迅速飞跃，生存下来，开枝散叶。

栎树一类的物种，可借由樫鸟等鸟类，将种子衔到大前方。而桦木、白蜡树、枫树的种子有翅膀，可以御风而行，到达新的疆域。以树木的时间来看，林木占据温带地区的时间距今不远，有些物种至今仍在北移，随着种子持续的散播过程，留下了演化薪传的蛛丝马迹。 107

北美柱松（其种子是红交嘴雀最喜欢的零食）迁徙的距离跨越北美洲西海岸，南从墨西哥北部下加利福尼亚州（Baja California），北抵加拿大的育空（Yukon）地区。在北美洲的北部，科学家就探察到北美柱松正往北移植。[7] 在北美柱松分布范围的最北端，有些族群大约在一百年前才抵达；其中一群只有四十五株，距其最近的族群则在南方 70 公里处。北美柱松一路长距离跃进，从西海岸往北前进，这 45 株就是最北方的族群。在往北跃进迁徙途中，北美柱松的种子变轻，翼面负载逐渐下降。在育空地区生长的新族群，种子翼面负载率比墨西哥的种子少了 25%。

因此，反复长途散播会淘选北美柱松种子，种子比以前轻，比祖先飞得更远，组成了一个新的族群。

在种子往远方移植，好建立新族群时，天择偏好散播能力强的种子；然而，当长距离远行没有生存机会时，同样的道理，天择会偏好散播能力不足的种子。因此矛盾的是，虽然植物需要良好的散播能力才能抵达岛屿，等植物抵达岛屿、建立族群后，天择又会除去当初带领种子来到岛屿的散播能力。在夏威夷群岛和其他遥远的半岛上，盘踞当地的蒲公英族系多半都失去了降落伞、钩刺，以及其他装备。这些装备当初带它们远行，降落在海中岛屿。不过这些种子很幸运，降落的地点很好；雪莱的有翼种子则深藏在冰冷的地方，“仿佛一具具尸体躺在坟里”。这些种子要看见太阳，还面临了其他挑战。

11

未知的境遇：命运

渴望像那一粒 108
在地上挣扎的种子，
相信如果求情
终将获寻
那时机，那天气——
每个未知的境遇，
要多么坚定不移，
才能得见阳光！

——埃米莉·狄金森（Emily Dickinson, 1830—1886）*，
“渴望像那种子”（Longing is Like the Seed）

对做父母的来说，最痛苦的莫过于为了子女的未来着想，必须和子 109
女分开；子女得自力更生。人类很幸运，通常不会被迫抛弃幼年子女，

* 与惠特曼（Walt Whitman）并列为19世纪美国两大诗人。狄金森出身麻州富裕家庭，好着素衣，喜隐居生活。毕生创作诗作千余首，作品不拘诗律，大量使用破折号，自由运用大小写，表达其丰富而跳跃的想象。

但未必总是如此。18 世纪的伦敦，每年有一千个婴儿因为母亲养不起而遭遗弃街头，最终死去。做母亲的只有一个卑微的希望，那就是自己的孩子能成为少数几个幸运儿，获得托马斯·考勒姆养育院（Thomas Coram's Foundling Hospital）收留。或许唯有和子女分开，才能让他们活下来；等日子好一点，也许还能再次团聚。1750 年代，有位母亲的婴孩获考勒姆养育院收容，她留下了一首诗，解释自己不幸的际遇与残存的希望：

我命运乖蹇
孤立无助
自然神圣的法则，无论男女
皆紧紧约束
他无力，而我无法
将孩儿留住
非饥馑难挨，怎会弃孩儿于道途
分离好似死亡之痛楚
然若幸运眷顾
逆境结束
只求骨肉重相逢
养育我儿不辞苦。

养育院的所在地现在辟为一座博物馆，馆中除了知名艺术家和 18 世纪伦敦上流社会人士捐赠的画作，还有一个小展示柜，展出母亲留给婴儿的信物。有位母亲留了一颗铜纽扣，另一位留了把钥匙，其他还有发夹、用骨头刻成的小鱼、破烂不堪的顶针，以及刻着“ALE”的搪瓷酒标；这些母亲只求和孩子间还有一些连接，不论这连接多么薄弱。这些信物代表破碎的母爱，见证了穷困如何折磨这些母亲，其中叫人看了最为心酸的信物，莫过于一个空荡的榛果核，里头被老鼠啃了一个 110
小洞。这个果核确实保存了下来，或许有一天，能为母亲和子女重新团聚。

我参观这座弃儿博物馆时是晴朗的春日，离开时却陷入忧郁的沉思。韩德尔（George Frideric Handel）长期赞助这家养育院，每年都在此举办慈善音乐会，演奏圣乐“弥赛亚”（*The Messiah*）；但那天下午，“哈利路亚”的歌声却无法进入我的脑海里。我心里挂念的全是梧桐树的种子——18 世纪的伦敦市长在优雅的广场边种满了高大的梧桐树，上百万身披茸毛的梧桐种子，飘落地面，铺了一地暗黄。伦敦的英国梧桐树也是弃儿，是北美梧桐（*Platanus occidentalis*）和东方梧桐（*Platanus orientalis*）的私生子。直到如今，英国梧桐近十亿的种子，依旧被遗弃在伦敦街头。

种子未卜的命运前途，经常在文学中用以比喻人生的变幻无常。约翰·斯坦贝克（John Steinbeck）的小说《愤怒的葡萄》（*The Grapes of Wrath*），描写 1930 年代的大旱破坏环境，造成许多人生悲剧。其中第三章整章以刻画入微的方式，描写公路边树上的种子如何散播。小说中，乔德（Joad）一家人是贫苦的佃农，来自美国的俄克拉荷马州，他们就顺着这条公路，逃离家乡的尘土与负债，前往应许之地 ——加州。

沿着泥沙铺成的大路两旁长了一片野草，枯干地纠结在一起，狗走过时，草中的雀麦须子钩住了狗身上的毛；马跑过时，狐尾草缠住了马蹄上的毛；绵羊走过时，三叶草的刺和羊毛纠缠在一块儿；沉睡的生命期待着蔓延的时机，每粒种子配备各种散播的道具，有纠结的秆子和乘风的降落伞，成团的小梗和棘刺，都在等候动物和风的来临，或期待着男子的裤脚和女子的裙边；虽然处在被动的地位，身上的构造却都充满了活力；虽然静止不动，可是都充蓄着移动的潜力。[(1)] [(译1)]

111 小说中描述一只陆龟在地上爬行，有些种子跑到龟壳里。这时开来了一辆卡车，司机突然急转弯，想辗过那只乌龟，不过只擦到乌龟的壳，乌龟就像被轮胎轧过的小石子一样弹向空中，飞出道路，背着地摔了下来。它吃力地翻身，好不容易啪嗒一声翻回正面，壳里的野麦穗子掉了出来，三颗带着刺的种子扎进土里。乌龟翻身时犁过种子，种子覆上土壤，埋进土里。此处的土壤和乔德一家人故乡的土壤一样贫瘠，难以维生。在接下来的几章，故事继续进行，乔德一家人在公路沿途也吃了许多苦，有些人甚至挨不过这段旅程。剩下的人到了加州，却发现加州并非他们想象中的天堂。

对离乡背井的人与种子来说，散播充满未知与危险。但土壤却是流落在外种子的避难所，许多种子若非本身构造能让自己藏进土里，就是诱使动物来把自己埋进土中。小种子可以从土壤表面的缝隙滑入土里，重力可以使它们没入土中。有些较大的种子，特别是禾本科的种子，通常生有短毛，称为“芒”（awn），让种子像飞镖一样刺向土壤表面，有机会直直插进裂缝中。禾本科中我最喜欢的是随处可见的鼠大麦

译1：参考自杨耐冬译《愤怒的葡萄》，第61页，台北：志文出版社，1990。

（*Hordeum murinum*），穗端长了许多长长的芒毛，构造再适合飞翔不过。芒端生有倒钩，所以如果你拿麦粒丢旁边的人，麦粒不仅能稳稳地飞向目标，还可以钩在对方的衣服上。鼠大麦生长的地方离人类很近，不是没有道理的。

小麦和大麦也有长芒，不过对谷种培育来说，为避免麦穗开裂而把子实散播出去，在收获前农人会尽可能除去芒这种多余的构造。禾本种子在野外散播时，一般还保留着芒毛以及残留的小花，但农业上作为谷粮栽种前，都会把这些东西除去。野生大麦（*Hordeum* 112
spontaneum）具有又硬又长的芒毛，在风中不停颤动，就像打桩机，让竖直的麦子插到土壤缝隙里。但在这之前，麦子还是得先找到缝隙，这时芒也能派得上用场。有些野生禾本类的芒毛会从空气中吸收湿气，使形状改变（人类的头发也有相同的特性）。随着湿度改变，芒毛吸收的湿气不同，有时蜷缩、有时松开，让种子在地表上推进——就像一位疯疯癫癫的船夫，断断续续地撑着歪歪扭扭的篙，驾着漂漂荡荡的威尼斯平底船——直到种子降落在地面，或滑进裂缝中。但是这时芒毛的工作还没结束：有些禾本类的芒毛吸湿后卷得很紧，还有倒钩可以紧紧攀住裂隙的边缘，两种特性加起来，就能让种子钻到松软的土壤里。有谁想得到，野草种子上的硬毛可以带领种子直直降落，还能荡过地表，钻进土里去？[(2)]

植物自己做不到的事，往往会用计或行贿让动物帮忙。蚂蚁是掩埋种子的最佳帮手；紫罗兰、报春花，还有分属八十多科、逾三千种各式各样的植物，身上都长了脂肪瘤，称为油质体（elaiosome），可以吸引寻找食物的蚂蚁。[(3)]蚂蚁找到油质体后，并不立刻在原地将油质体咬下来，而会把整个种子带回巢中，盖在土里。在蚁巢中，蚂蚁将种子的油质体剥掉以后，就把种子丢到垃圾堆里，种子还能生长，可以在垃圾堆中发芽。种子这样埋起来后，就不会被鸟类等掠食者发现，比起其他没有被蚂蚁搬运的种子，生存机会更大。

113 油质体在澳洲很常见，当地的花若没有油质体还显得奇怪；竹节虫的卵就仿造种子的形状，甚至还有油脂组织，模仿油质体。[4] 如此一来蚂蚁就会把这些卵带回巢里保护，不会受寄生虫侵袭。说到底，卵不也是一种种子吗？油质体的化学成分很有趣，和水果不同，似乎是为专吃昆虫的蚂蚁量身打造。[5] 埋藏种子和散播种子很不同，蚂蚁能帮上很大的忙。许多热带地区的树木和某些地中海的灌木同时有多肉的果实，果实内又有带油质体的种子，[6] 整个果实就像团康游戏“花落谁家”（pass-the-parcel）* 里要传接的包裹，外面那层果肉是给小鸟的礼物，给蚂蚁的礼物则藏在里面。鸟类吃了水果，排出带着油质体的种子，蚂蚁再从鸟类粪便中收集这些由鸟类散播的种子，埋藏起来。

如果果肉、翅膀、钩子和倒刺是种子跨越空间的散播工具，那么休眠就是种子跨越时间的散播工具。在脚下的大地、犁耙之下的土壤中，充塞着各种种子，日积月累，历经了数十甚至数百年。梭罗是这样说的：“大地本身既是粮仓，也是培植之所，对有些人来说，土壤就像一层皮肤，包覆之物充满生命力。”[7]

休眠的种子在时光中旅行：关闭新陈代谢，在静止状态中慢速空

* 将一礼物层层裹住，其中不同层还有其他礼物。众人围成一圈，待音乐响起便开始传递礼物。音乐停下时，拿到礼物者便拆开一层，取走礼物。至最后一层礼物被人取走后，游戏便停止。

转，虽然活着但几乎不消耗养分，保持这个状态达好几年、好几十年，少数几种植物甚至可以达到好几世纪。目前曾萌芽的种子中最古老的，并非一般人印象中埋在古埃及、和法老王一起沉睡的小麦种子——这些种子从来不曾发芽。[8]“最古老的萌芽种子”这号头衔由一粒高龄两千的海枣种子获得，发掘自古希律王（King Herod）位于以色列马撒达（Masada）宫殿的考古遗迹；[9]就在这里，犹太教狂热分子奋力抵抗罗马军团的围攻，不愿投降，最后壮烈牺牲。在考古挖掘期间找到的种子，在抽屉中躺了三十年，后来有人认为该试试让种子发芽。没几个人 114
认为这些种子真能发芽；没想到有一颗真的发芽了，大家都很惊讶。

岁月不饶人，也不会饶过DNA，除非把DNA深度冷冻。所以皇家植物园邱园中的千禧种子银行（Millennium Seed Bank）里，所有储藏的种子都存放在能抵挡炮弹的储藏库里，冷冻于摄氏零下20度。如果英格兰变得太暖和（或者有人忘了缴冷冻库的电费），还有挪威政府建的末日储藏库，存放了世界上各种谷类种子，储藏库位于北极圈内斯匹次卑尔根岛（Spitsbergen）上的一座山中，建于地下120公尺，是个天然的冷冻库。

豆科植物的种子天赋异禀，具有强韧的种皮，通常可以保存很久。1940年，伦敦自然史博物馆（Natural History Museum in London）遭到炮击起火，消防队员拿着水龙浇熄灰烬时，自1793年就待在标本箱里的豆科植物合欢树（*Albizia*）种子，竟高高兴兴地苏醒并且发芽了。最近邱园的种子银行发现一批文件中夹带了一些种子，来自一位两百年前曾造访南非的荷兰商人；荷兰商船返回欧洲途中，遭到英国海盗拦截，船上的文件后来进了伦敦国家档案馆（National Archives in London）。

这些种子共有 33 种，经过发芽测试，有 3 种发了芽，其中 2 种是豆科植物，1 种是山龙眼科。[10]

园丁都知道有些蔬菜的种子可以保存数年，有些则是每季都得买新的。已逝的英国有机园艺祖师爷劳伦斯·希尔斯（Lawrence D. Hills）曾仿造 16 世纪诗体，撰写一首诗向农夫建议：

115 圣诞节已过，抽屉里还藏着未丢弃的种子。
岁暮将近，种子型录随之寄至。
但花钱之前，先看看抽屉，
欧洲萝卜过不了冬，
而弥撒响起之日，也是鸦葱大限之时。
包心菜类种子就不同，
青花菜，花椰菜，芽甘蓝，高丽菜，芥蓝菜，
个个长寿，像懂得把酒言欢的农夫。
三年不用说，或许四五年。
停留在抽屉中，静待播种时节。
…………
接着填写种子售货单。
对于新奇的品种，花点钱不算什么。
佳种良驹值千金，
咱们志同道合，一起挥霍。[11]

这些极端情形展现了种子的潜能，而非种子的常态。种子也许能

活上很长一段时间，但活这么长有什么好处？耕地土壤中，每平方公尺可能包含了上万颗种子（如果你的花园满是野草，你大概早就知道了），生态学家称这种充满种子的土壤为“种子银行”，[12]但是没有人会想把钱存在这种银行里。这种银行不会生利息，当其他种子在外头萌芽、长出后代、传播基因，待在种子银行里休眠在演化上没什么赚头，就像把钱存在银行里，钱的价值就会受通货膨胀严重侵蚀；更糟的是，这家银行还会遭啮齿类定期打劫，还有真菌类虎视眈眈，随时准备侵袭受伤的种子，使种子腐败。随着时间过去，蚯蚓将种子愈埋愈深，直到最后萌芽的希望就和土壤表层一样遥远。既然土壤种子银行有这么多危险，为什么还要浪费时间待在这个是非之地？

这个问题只有一种可能的解答，而线索来自“休眠是场时光之 116
旅”。答案是，萌芽时机有优劣之分，种子只有一次机会可以萌芽，所以一定要掌握正确时机。一年当中，随季节变换，时机有好有坏，所以从秋天落入土中到春天萌芽这一期间，短暂的休眠的确有好处，这倒是容易理解；真正叫人不解的是有些种子并不在春天萌芽。为什么这么多种子干耗在种子银行里，直到另一年？要明白个中原因，我们得把眼光放长一点。

萌芽和生长有适合的年份，也有不利的年份，而就像本章开头埃米莉·狄金森的诗句，对于埋在土里的种子，时机和气候都是未知的情况。如果我现在发芽，遇到的年份会是好还是坏？面对这种无法确定的情况，种子该怎么做？有趣的是，这个问题问种子或问母树，会得到不同的答案。我说我们可以“问”种子是个打趣的说法，实际上我的意思是这个问题要将天择纳入考虑。从演化的角度来看，种子该怎么做？你大概猜得到，或者等到我告诉你答案有多简单，你大概会懊恼地捶胸顿足（或打我出气）吧。

如果种子所能接收到的线索，例如气温、土壤湿度，指明现在是生长的好时机，种子就应该发芽。假设种子不知道其他种子会怎么做，而所有种子都接收到一样的线索，则同一种类的所有种子都应该行动一致，一起发芽（如果种子知道其他种子要发芽，也可能采取另一种策略，先让其他种子发芽，避开竞争后再发芽，不过这里先不考虑这种情形）。所以，从种子本身的角度来看，对一个种子有利，对所有种子都有
117 利。种子应该同步发芽，种子银行挤满种子或空空荡荡的时间应该都很短。实际的情况却大相径庭，在森林里或草地上，每平方公尺的土壤里有上百到上千粒种子，在人为干扰过的生育地，甚至有上万粒种子。

现在来问问母树这方：你结的种子应该在什么时候发芽呢？母树说："我结很多种子，所以我不会把它们都放在同一个篮子里。我会让一些在今年发芽，另一些在明年发芽，还有一些在后年发芽……噢！还有，为了以防万一，我会把一些小不点留到五年以后再发芽。"政府为紧急情况储存粮食，也是同样的道理。把母树和种子的答案放在一起比一比，听起来很熟悉，就像父母和子女的希望常常互相矛盾。谁说了算？你可能猜是种子，毕竟种子已经不再依附母树了，母树还能怎么样呢？但是植物其实比你想的还聪明！

即使种子已经脱离母树的庇荫，母树还是能控制后代，因为种子散播出去时，都还裹着由母树组织形成的襁褓。种子在离开种皮的束缚前，仍受制于母树。包覆种子的种皮是紧是松，发芽是早是晚，都由母树控制，且不同种子各有安排，因此种子银行里才布满了被禁足的种

子，一直无法挣脱母树的桎梏，直到母树选择的时机与气候终于来临。许多种子被束缚在土壤中，受制于演化的保险策略：如果让所有种子一起发芽，哪一年来了一场大灾难，所有的后代都会死亡。植物并没有先见之明，也不是听了寿险推销员的说辞，才分散种子发芽的时机，演化并非这样运作。确切来说，植物若不让部分的种子休眠，以分散完全绝种的风险，就会被天择淘汰。失去所有后代的风险对一年生植物来说最是重大，所以在土壤种子银行里，以一年生植物和其他寿命较短的植物最为丰富，也惹得园丁哀叹："撒种一年，除草七年。"

12

猛烈的力量：萌芽

想想蕴藏在橡实中猛烈的力量！ 118

把橡实埋在土里，会蹦出一棵栎树！

如果埋的是一头羊，除了腐坏，什么也没有。

——萧伯纳（George Bernard Shaw, 1856—1950）*

木船上载的米若浸湿，开始发芽，能把木船撑得四分五裂，可见种 119
子发芽具有多么强大的力量。[1]谷仓也会因为谷类发芽的压力而裂开。如果种子干燥至只含百分之五至十的水分，可以存放好长一段时间，看不出里头存在生命；有谁想得到，种子内竟沉睡着这样的威力？

种子萌芽从汲取水分开始，种子首先膨胀，胚部接着生长。种子吸水并不像把水倒进浴缸那样，被动地吸收，而是像海绵一样，利用碳水化合物（例如：淀粉）和蛋白质（例如：麸质）对水分子的亲和力，主动吸入水分，吸水过程快得惊人。吸水发芽速度最快的是南非百簕花

* 爱尔兰剧作家，一生撰写剧本逾六十部，作品反映社会问题，揭露人性虚伪，严肃中穿插戏谑，反对“为艺术而艺术”，1925 年获诺贝尔文学奖。

（*Blepharis mitrata*）的种子，[2]接触水分几秒钟内，种子原本覆盖着茂密白毛的光滑外皮，就会变成一块湿湿黏黏的浴室踏脚垫，纤毛膨胀竖起，将种子黏在地表。如此一来，种子就不会被暴水冲走，蚂蚁也没办法吃。六小时以后，膨胀的胚就能将种皮撑开，将根扎进土里。

洋车前（*Plantago psyllium*）和卵叶车前（*Plantago ovata*）[译1]为草本植物，种皮内带有具黏性的胶状物质，能有效吸收、储存水分，可治疗便秘。西班牙鼠尾草（*Salvia hispanica*）为一年生草本植物，生长在墨西哥以及美国西南部沙漠，种子粒小，形状如豆，遇水也会产生黏液状物质。过去西班牙鼠尾草的种子可以泡成粥喝，或混进传统墨西哥玉米粉皮诺列（pinole）[译2]里，由于鼠尾草的种子会在胃中膨胀，吃一点就会饱。

发芽就像分娩，一旦启动就是个不可逆的过程。种子一旦踏上发芽之途，就不能走回头路，因此发芽的时机攸关生死，种子早已演化出各式各样的手段找对时机。长寿的种子常是镁光灯的焦点，不过还有
120 其他种子值得我们关注，因为它们的寿命短得叫人吃惊。杨树和柳树的种子寿命极短，若没有在散播后几个小时内找到湿泥地，就会死亡。热带雨林中，许多树木结的大型种子如果没有在几周内发芽，就会腐败。对这些物种来说，要掌握正确的发芽时机，得先掌握正确的结子时机，因为种子一旦成熟，保存期限是很短的。

有些胎生植物则将生命周期中的种子时期缩到最短，种子还在头状花序中就发芽了。如果天气非常湿暖，有些野生禾本类的种子也会先

译1：一种矮小的一年生植物，中医用来改善消化，现亦用于美容。

译2：皮诺列为一种墨西哥食物，将烤干的玉米磨成粉，加入水、糖和其他种子与香料制成，可以用来做饮料、粥或烤成糕饼。

行发芽，小麦等谷类也有这种状况，使收获量大为减损。

有些红树林也是胎生的，红树林能耐咸水，生长在热带地区的海岸边。早熟的红树林幼苗从树上掉落，像鱼雷掉进海里，竖直漂浮于海中，一等潮水带上岸，就迅速钻进淤泥里，长出根系。有些红树科植物将预先发芽的幼苗藏在果实里，蓄势待发，准备成长，但仍然受母株赋予的组织保护，等待适当时机到来。

一年中，若季节气候对种子来说太干燥或太寒冷，不利发芽，种子就进入休眠，等待不适宜的气候过去。种子休眠行为的范围极广，套用莎士比亚《第十二夜》里马福留的话来说：“有些休眠是天生的，有些休眠是挣来的，有些休眠是自己送上门来的。”尽管这种区分很简洁，却太过简单，不能确切描述种子精巧微妙的行为。事实上，每颗种子可以说都有自己独一无二的个性，有些得自遗传，有些属于物种特性，有些则来自种子
所处的独特环境和经历；不过这一切最终还是受天择的形塑与支配。 121

如果将植物行为以精巧度衡量，扁蓄（*Polygonum aviculare*）[译 3]的发芽行为只有初级程度。扁蓄是长在耕地和花园中的杂草，种子先天为休眠型，未到冬天不会发芽。土壤中的种子在冬季感受到低温，打破休眠状态，预备好在春天来临、土壤回暖时发芽。没有在五月发芽的种子，又逐渐进入休眠状态，静待另一波寒意来临，准备好再次发芽。扁蓄的行为其实相当合理，称为初级程度好像不太公平，更何况相似的植物还不少，许多杂草也有依季节循环的休眠期与发芽期。不过以种子行为来说，扁蓄的确不怎么精巧。

译 3：蓼科，干燥后可制中药，利尿。

另一种相当常见的杂草则要比扁蓄技高一筹，那就是羊腿藜（*Chenopodium album*）[译 4]。羊腿藜在年初结不休眠的种子，产季时则结休眠的种子。有了年初生产的种子，这年的羊腿藜就有更多子代，后来所结的种子则安然保存至明春。一年生植物的种子发芽机制又更精巧了，这些植物会打赌冬天冷不冷。许多冬季一年生植物，像是阿拉伯芥（*Arabidopsis thaliana*）和雀麦草（*Bromus tectorum*）等等，都是在秋天发芽，这样做的风险是冬天的寒霜很可能冻死幼苗。但如果存活下来，就有了回报，因为比起其他春天才发芽的种子，这些幼苗抢先一步发育成长，如果活下来，能长得比较大，结的种子也多得多。

冬季一年生植物也懂得分散风险，让部分种子在冬季休眠、春天发芽。比起熬过冬天的幼苗，这些春天发芽的种子长出的植株比较小、结的种子也比较少，但是存活的几率通常大一些。由于某几年的冬天比较冷，某几年比较不冷，所以有时不休眠种子长得好，有时休眠种子胜
122 算大。稍微计算一下就知道，长期来看，懂得分散风险、结两种种子的冬季一年生植物，会比只生一种种子的植物赢面更大。我们应该在不同的地方下注，好分散不确定性带来的风险，这是很简单的经济原理。不过，就算你不是投资大师巴菲特（Warren Buffett），也看得出几百万年来这种策略进行得都很顺利，而植物一直以来也将这项策略执行得很成功。

目前为止所谈的发芽行为，精巧程度都还不及格。我们明白了植物怎么配合季节调整休眠期，也发现植物会分散风险。刚才提到的植物

译 4：在亚洲和非洲，这种植物作为粮食、蔬菜和饲料，叶及种子均可食；但欧洲和北美则视之为杂草。

都会依季节、温度和土壤中的湿度，安排种子休眠，以及在恰当的时机刺激种子发芽；不过种子还能从其他线索得到更精确的讯息，以决定什么时候发芽。许多像莴苣（*Lactuca sativa*）一类的种子，对光很敏感，即使温度和湿度恰当，只要在黑暗中就不会发芽。假使种子埋得太深，没有机会到达土壤表层，这样的机制可以避免种子发芽。而只要一丝阳光，就能让种子自休眠中苏醒。替菜圃翻土会让阳光传递讯息给土壤中许多光敏感的杂草种子，让它们知道接近土壤表层了。所以，如果你不想拔太多杂草，就尽量不要翻花园里的土。

很多种子的招数更了不起。植物可借由远古演化而来的光感受体（即光敏素分子〔phytochrome〕）感知光线。光敏素分子有两种形式，可彼此转换。一种称为 Pr，于吸收红光后，转换成另一种形式，称为 Pfr，Pfr 对远红光特别敏感。远红光又称近红外线，波长比一般红光长，能将 Pfr 型分子再转回 Pr 型分子。为什么光敏素分子要这样来
回转换呢？因为这两种形式的光敏素分别对不同波长的光敏感，又能彼 123
此互换，因此 Pr 对 Pfr 的比率是由接收多少这两种不同波长的光而定。这种 Pr 对 Pfr 的比率提供了地方环境的讯息，对植物来说极为重要。

未遮蔽日光中，红光／远红光的比率为 1，使照光植物的 Pr 对 Pfr 比率达到平衡。然而，阳光穿过树叶后，大部分红光为树叶吸收。正因为光线透过树叶后（或经由树叶反射），红光完全被吸收，植物看来才呈绿色。阳光穿透树叶的红光／远红光比率远小于 1，而植物透过 Pr 对 Pfr 比率能侦测到光的改变。由此，植物利用光敏素察觉邻近植物的位置，调整自己的生长以避开邻近植物。在黑暗的环境下，许多种子以同样的方式利用光敏素发芽，而如果暴露在透过叶子照射的阳光中，就

不发芽。比较小的植物争不过遮挡自己的大型植物，与其在其他植物的遮蔽下发芽、长出难以存活的幼苗，还不如维持休眠状态。

光敏素有个缺点，就是在黑暗环境中无用武之地；因此只有位于土壤表层或接近表层的种子能加以利用，侦测竞争对手是否环伺在侧。不过还有另一种线索，能让深埋土中的种子知道上方有没有一线生机。土壤表层的植物，例如草类，就像一层隔绝物，调节土壤内种子感受温度的范围。光裸的土壤表层没有这层隔绝物，所以底下的种子会感觉到强烈的温度起伏，许多种子就从这种温度起伏中得知土壤表面是光裸的。如果感受到温度起伏，种子就会在春天发芽；而如果感受到的温度很平均，没有高低起伏，种子就不发芽。[(3)]

124 有种植物的种子可以从身边的植物得到好处，那就是寄生植物。巫草（独脚金属〔*Striga* spp.〕）是种开花植物，寄生在其他植物上，邻近宿主根部释放的化学物质，能刺激这种植物的种子发芽。这种寄生植物的种子非常小，但数量极多，可在土壤中存活近二十年，以致不易控制生长。特别在非洲，巫草对禾本科农作物（玉米、高粱、小米、稻米、甘蔗）与豆科农作物（豇豆、花生、大豆）均危害不小。

不过，科学家发现银叶藤（*Desmodium uncinatum*）和营多藤（*Desmodium intortum*）这两种豆科植物，可以用来控制起码一种危害最烈的巫草，利用巫草的发芽机制，给它出其不意的一击。银叶藤和营多藤的根部会释放两种化学物质，一种可以促进巫草发芽，一种则会阻止发芽的巫草形成特殊的吸器（haustorium），巫草就是利用吸器榨干宿主的。[(4)]这两种化学物质是比较精巧的武器，用在植物和天敌间的化学战争中。而毒性更强的毒药，则填满了哀愁神秘的深井。

13

哀伤的谜：毒素

别，别去忘川（Lethe），也别去绞 125
那植根土中的狼毒乌头当毒酒；
别让颠茄和冥后的红葡萄
亲吻你全无血色的额头；
别用紫杉的浆果权充念珠，
别用甲虫或墓畔的飞蛾充做
你哀伤的赛姬（Psyche）；别让披羽的
夜枭分享你心底哀伤的谜；
阴影亲近阴影叫人昏沉，淹没灵魂清醒的创痛。

——约翰·济慈（John Keats, 1795—1821）[*]，
选自"忧郁颂"（Ode to Melancholy）[译1]

1978 年 9 月 11 日，乔治·马可夫（Georgi Markov）正准备到英国

* 英国浪漫主义代表诗人之一，平民家庭出身，文学创作生涯短暂，却尽露其可贵天赋，作品时见弥尔顿、莎士比亚的身影，并影响后来的诗人丁尼生甚深。

译 1：译文参考自马文通等译《济慈诗选》，台北：桂冠出版社，1995；查良铮译《济慈诗选》，台北：洪范书店，2002；屠岸译《灿烂的明星——济慈》，台北：爱诗社出版事业部，2009。

国家广播公司（BBC）上班。他从保加利亚流亡至英国伦敦，在 BBC 担任记者。他往排队等公交车的人走去，突然觉得右大腿后侧一阵刺痛。他转过身，看到有个男人弯下身，捡起掉落的雨伞；那个男人向马可夫道歉，讲话带着外国口音，接着招了一部出租车，上车走了。马可夫虽然觉得很痛，还是坐上公交车去上班。但到了晚上，马可夫发起高烧，进
126 了医院，经医生诊断为血液中毒，并于三天后宣告不治。乔治·马可夫批评保加利亚政权向来直言不讳，并借由 BBC 的全球新闻服务和其他广播电台，将意见播送至保加利亚。他曾躲过两次暗杀，其中有一次也是下毒；然而，第三次他就没这么走运了。

病理学家解剖时，在马可夫的大腿后侧发现一根针的针头，但将其拔出来时，这根针滚落到桌面上，才发现这支针其实是一根小圆柱。将圆柱放在显微镜下观察，发现上面钻了几个小洞，洞里之前可能装了毒药。虽然洞已经空了，但是也只有一种毒药，以这种方式注射，在这么微小的剂量之下（不到两千分之一克），还能置人于死地。这种毒药就是蓖麻素。几年后，两位从苏联情报机关 KGB 叛逃的特务公开承认，KGB 派了情报员，用蓖麻素暗杀马可夫。蓖麻素来自蓖麻，是一种强烈的抑制剂，能抑制体内细胞制造蛋白质的机制。蓖麻素比眼镜蛇毒液的毒性更强，而且目前没有解毒剂。

氰化物则是另一种来自种子的毒素，在各种植物中都找得到，在苹果、樱桃以及杏仁等水果的果核里，都有氰化物的踪迹，说起来，氰化物还带着烤杏仁的味道。恶名昭彰的番木鳖碱也来自水果的种子，原本无害的果实因此带有剧毒。蓖麻（*Ricinus communis*）是热带植物，但常种来当做室内盆栽，它的果实外表光滑，还有美丽的花纹，有人会把

它串起来当做项链穿饰品，卖给观光客。可是小孩子如果把一颗蓖麻籽放到嘴巴里嚼，就会中毒身亡。金链花（*Laburnum anagyroides*）的种子也经常造成意外中毒事件。红腰豆和金链花同科，烹煮时如果温度不够高，也会带有毒性，所以不能用炖锅来煮，因为炖锅以低温长时间烹煮食物，虽能把食物煮熟，但如果菜肴里有红腰豆，可是会因此吃出 127
人命来。

种子为什么有毒？从植物的观点来看，答案很清楚。种子有毒，是为了保护尚未成熟的后代不要被动物吃掉。在蓖麻种子的军备中，蓖麻素只占一小部分，主要的装备其实是动物无法消化的油脂，用来锁住养分。野生的油菜籽（*Brassica napus*）玩的把戏也差不多，种子中百分之四十的油脂为一种脂肪化合物，称为芥酸（erucic acid），经动物实验发现对老鼠的心脏有害。用来制油的芥菜子芥酸含量比较少，且经过制油程序还会降得更低。

如果种子有毒的原因这么明显，有趣的问题来了，为什么这么多种子没有毒？有个原因是种子可以用别的方法保护自己，例如坚果有坚硬的果壳，花生深埋土里；但还有其他原因。种子和动物的关系并非只是猎物（种子）与掠食者（动物）那么简单，通常是复杂得多。举例来说，松鼠会吃坚果，但也会将一些坚果储存起来，待日后种子短缺时再食用。啮齿动物和一些吃种子的鸟类不仅会吃种子，也能帮助种子散播，因此，从植物的观点来说，这段关系虽然要付出代价，但也有好处。植物结出可口的种子，将一部分的种子奉献给动物，作为交换，让动物将所剩不多的种子散播至其他地方，好顺利萌芽。

蓖麻素一类的毒素有极高的生物行为专一性，干扰生命运作中特定的程序。由于蓖麻素攻击的是生命最基础的程序，只要是人类都会受到影响，但有时植物的毒素调控精密，极具专一性，只会让部分具遗
128 传易感受性的人中毒。蚕豆症（favism）[译2]是一种遗传疾病，主要患者为地中海和非洲地区的人，蚕豆（*Vicia faba*）会让这些人中毒。蚕豆症患者吃其他豆类都安然无事，而蚕豆对非蚕豆症患者来说也没有毒性。蚕豆症患者的基因有缺陷，这个基因制造 G6PD，若 G6PD 形状异常，吃蚕豆时，红血球会受到破坏，产生黄疸等症状，严重程度不一，有时可能造成死亡。此外，蚕豆症还有个奇特的现象，就是患者多半为男性（蚕豆症和血友病一样，是一种性联遗传疾病；血友病较为人知，但其实比蚕豆症罕见），这是因为 G6PD 基因位于 X 染色体，而男性只有一条 X 染色体，女性有两条（从父母各遗传到一条）；女性只有当两条 X 染色体都带有异常基因，才会患有蚕豆症。如果其中一条 X 染色体上的基因正常，就能抵消另一个异常基因。

蚕豆只对一部分的人有毒，这或许说明了何以古希腊的哲学兼数学家毕达哥拉斯（Pythagoras）[译3]禁止他的门徒吃豆子。[1]毕达哥拉斯吃素，而对不吃肉的人来说豆子通常是非常重要的蛋白质来源，所以毕达哥拉斯的禁令就更奇怪了。当时毕达哥拉斯和门徒们住在意大利南部，当地现在也有蚕豆症病例，只是非常少见。然而，两千五百年前，在毕达哥拉斯的时

译 2：蚕豆症的正式医学名称是 G6PD 缺乏症（glucose-6-phosphate dehydrogenase deficiency），为一种常见的先天代谢异常疾病。G6PD 是体内帮忙代谢葡萄糖的酵素。蚕豆症的患者因为体内缺乏 G6PD，所以在碰到某些感染、药物、樟脑丸或吃到蚕豆时可能引起溶血反应，未经治疗可能导致死亡。

译 3：数学上有名的勾股定理（三角形两股平方和等于斜边的平方）就是由毕达哥拉斯证明。

代，蚕豆症可能相当常见，因为蚕豆症造成的G6PD异常会使人比较不容易罹患疟疾。蚕豆症在当时的意大利可能比如今更普遍。不过，我们也无法确定为什么毕达哥拉斯不吃豆子，也许他就是和豆子合不来。

豆子里的蛋白质称为麸质，高筋面粉做的面团就是因为麸质，才有绝佳的弹性，可以做面包或比萨饼皮。麸质一般对人没有毒性，但是乳糜泻（celiac disease）[译4]患者如果在不知情的情况下摄取麸质，可 129
能造成严重的后果。这又是一个好例子，说明一个人的美食，可能是另一个人的毒药。美国作家安布罗斯·比尔斯（Ambrose Bierce）[译5]曾以他一贯嘲讽的语气，在《魔鬼辞典》（*Devil's Dictionary*）一书中写道："Belladonna：在意大利文，指的是美女；在英文，指的是剧毒。"颠茄（*Atropa belladonna*）[译6]在英文中之所以用Belladonna为名（意为美女），是因为古代女人会用颠茄的汁液当做散瞳的眼药水，让自己看起来更加楚楚动人。

从生态学的观点来看，种子毒性具有专一性，能让植物从不同的

译4：一种自体免疫疾病，由摄取小麦谷蛋白（麸质）或其他谷物的类似蛋白质引发。乳糜泻患者若持续摄取谷蛋白，会导致小肠内的绒毛慢性发炎并受损，无法分解食物并让养分通过小肠壁进入血管。所幸乳糜泻如果及早诊断，让病人保持无谷蛋白的饮食，小肠的结构几乎都能够恢复，胃肠症状也会消失。

译5：19世纪末美国记者与短篇小说家，笔调讽刺愤世，参加过美国内战，作品多以死亡为题材，七十一岁时只身前往当时正在革命的墨西哥，从此音信全无，作品有《魔鬼辞典》、《人生旅程》等。

译6：颠茄为茄科多年生草本植物，原产于西欧，全株有毒，根茎毒性最强，主要成分为莨菪碱（hyo-scyamine），会引起呕吐、腹泻等症状。曾有人食用吃过颠茄的动物后中毒致死，但若遵守用法用量则可入药，治疗肠胃溃疡、腹痛等。

种子掠食动物中，挑选自己属意的动物，防止其他动物掠食自己的种子。辣椒含有辣椒生物碱，种子里含量特别多，是辣椒辛辣的主因；这种生物碱可以防止啮齿类动物摄食种子，但不会影响替辣椒散播种子的鸟类，因为辣椒的种子通过鸟类的胃肠后仍然完好无损，但如果啮齿动物像人一样，偏偏就是爱啃辣椒，辣椒种子经过啮齿动物的利齿咀嚼后，很难劫后余生。此外，源自缅甸的苦楝树，种子中的毒素也有选择性，对昆虫有毒，但对鸟类和哺乳动物无害，故其萃取液可用来当做谷类的杀虫剂。[2]

种子和植物其他部分的毒性具有生物专一性，代表许多植物如果用量正确，便具有医疗价值，可针对身体特定的异常发挥作用。举例来说，蓖麻素因为能杀死细胞，研究认为可当做抗癌药物。葡萄籽萃取物也有抗菌功效，且对人类和动物没有毒性。

就像武器会在不同人之间转手，毒素也会在微生物、植物以及动物间传递，种子也未必要自己生产所有的化学武器。此类事件中最奇特的一个最近才发生在关岛，有桩五十年来悬而未决的医疗奇案竟由
130 一位生态学家侦破了。关岛当地的查莫罗人（Chamorro）有些饮食习惯相当特别，一是特别喜欢 Spam 牌罐头午餐肉（不是不请自来的垃圾邮件那个 spam），二是喜欢吃法当（fadang）做的墨西哥薄饼。法当就是磨成粉的苏铁种子，在关岛上，苏铁随处可见。苏铁是最早演化的种子植物，叶子油光闪闪，尖刺锐利，想必是用来对付食草的恐龙。20 世纪中，世人注意到查莫罗人感染了一种关岛特有的神经疾病，当地人称之为肌肉萎缩（lytico）或肌肉僵硬（bodig），名称依发作的症状而定；不论是哪一型的患者，都会逐渐瘫痪，最终死亡。1950 年代，查莫罗

成年人的死因中，因肌肉萎缩症（lytico-bodig）[译7]造成的死亡就占了百分之十。[3]

奥利佛·萨克斯（Oliver Sacks）既是脑神经医生，也是作家，曾于1990年代早期造访关岛，调查当地的肌肉萎缩症，因为肌肉萎缩症和他在纽约研究的一种疾病有点类似，萨克斯曾在他的《睡人》（*Awakenings*）一书中描述这种病状。无巧不巧地，萨克斯也是个业余的植物学家，一直对苏铁很感兴趣，所以也想研究一下苏铁。他在《色盲岛》（*The Island of the Colour Blind*）一书中叙述他在关岛的行程、当地肌肉萎缩症的疾病史，并提出肌肉萎缩症和苏铁种子的毒素可能有关。1960年代，肌肉萎缩症和植物毒素有关的论点在医疗调查员间时而盛行，时而沉寂，因为苏铁种子中曾先后被发现两种有毒化合物，但后来又消除了致病的嫌疑。首当其冲的是称为苏铁素（cycasin）的毒素，具有各种毒性，低剂量可能致癌，高剂量会造成急性肝衰竭。但是苏铁素不会伤害神经，并不造成肌肉萎缩症的症状。后来科学家又发现了一种有毒物质，简称为BMAA（β-甲氨基-L-丙氨酸），其结构类似鹰嘴豆（*Lathyrus sativa*）里的一种神经毒。一次进
食大量鹰嘴豆会造成中毒，在印度，干旱或穷困常使当地人不得不吃鹰 131

译7：肌肉萎缩症的正式学名是运动神经元疾病（motor neuron disease），或称为肌萎缩性脊髓侧索硬化症（amyotrophic lateral sclerosis，简称ALS），平均发病年龄为五十至六十岁，但也有二十至三十岁的人不幸罹患。临床特征为快速进行性的全身肌肉萎缩，严重时病人的手脚和身体无法动弹，也无法吞咽，需靠人工呼吸器维持呼吸，并以鼻胃管摄取营养；同时也无法发出声音。美国棒球明星卢·格里克（Lou Gehrig）在职业生涯巅峰罹患此疾去世，因此此病在美国也称卢·格里克症。《最后十四堂星期二的课》（*Tuesdays with Morrie*）中，主人翁墨瑞也是罹患此病。

嘴豆，因为这是唯一找得到的食物，经常有人因此死亡。

鹰嘴豆里的神经毒和 BMAA 属于同一类的天然化合物，称为非蛋白质氨基酸。因为非蛋白质氨基酸会冒充组成蛋白质的必需物质，因此具有毒性。蛋白质正牌的组成物质是 21 种必需氨基酸，决定蛋白质的用途。蛋白质就好像乐高（Lego）玩具模型，由 21 种不同的积木组成。氨基酸能以数不清的方式结合，产生各种功能，像是组成酵素消化胃里的食物，或是组成肌肉中的蛋白质，让心脏与神经细胞运作，使你能阅读这一页书上的字。非蛋白质氨基酸就像混在乐高积木里的美加积木（Mega Bloks）一样，两个牌子的积木不能结合在一起；宏伟的乐高积木模型中只要混入几块美加积木，就会严重破坏结构，使之倾颓。因此，在查莫多人用来做墨西哥薄饼的苏铁种子中发现 BMAA，就像发现了肌肉萎缩症的作案凶器。但是，有些证据还是拼凑不起来。首先，查莫多人制作法当前会将种子清洗三次，洗去其中的毒素。此外，当时已知的各种神经毒中，例如鹰嘴豆里的非蛋白质氨基酸，都不会产生毒性延迟发作的状况，但肌肉萎缩症可能在接触法当数十年后才发作，与其他神经毒造成的疾病相当不同。

1990 年代萨克斯造访关岛时，当地的肌肉萎缩症已经销声匿迹，而消失的原因就像当初出现的原因一样，是个难解的谜。苏铁中毒以及其他六七种可能的致病原因都经过科学家调查，但每一种解释都有缺失。萨克斯离开关岛时也只好认输，认为或许在找出病因前，肌肉萎缩
132 症就已经永远消失了。这对查莫多人来说是好事，却让医学界有点脸上无光。在《色盲岛》一书中，故事就讲到这里，但就像侦探小说的情节一般，故事还有后续发展，虽难以预料，却总是结局圆满。

在太平洋上另一处，美国植物学家保罗·艾伦·考克斯（Paul Alan Cox）在夏威夷的国立热带植物园（National Tropical Botanical Garden）工作。考克斯也认为苏铁中毒和肌肉萎缩症可能有关。他认为BMAA可能并非经由法当进入查莫多人的饮食中，而是经由其他途径。他告诉我他是怎么想到这点的："当时我坐在萨摩亚岛（Samoa）的海滩上，突然想到狐蝠吃了苏铁种子后，毒素可能产生生物放大效应。"狐蝠是一种蝙蝠，生物放大效应是指物质浓度随着在食物链中上升而累积。考克斯透过研究企图推翻他的假设。"例如，从美国国家卫生研究院（National Institute of Health）的三十年期流行病学数据，我们知道男性患肌肉萎缩症的比率高于女性"，所以考克斯等人就询问查莫多人男女食用蝙蝠的情况，"我们发现，食用蝙蝠就像是查莫多男子的成年仪式，但女性比较少吃蝙蝠，她们觉得蝙蝠长得很像老鼠"。

"我们从其他方向企图推翻假设，但都做不到。我还是没有信心发表结果，直到有一天，我带一群访客参观考艾岛（Kauai）植物园，访客中有位女士叫玛西娅·威廉斯（Marcia Williams），她对苏铁树很感兴趣，我就把这个故事告诉她。她问我有没有和萨克斯联络，我和她说，像我这种流落到天涯海角的小小植物学家，可不敢随便打扰奥立佛·萨克斯这种举世闻名的科学家。于是，她告诉我，她丈夫罗宾·威廉斯曾经在改编自《睡人》的电影中，扮演过奥立佛·萨克斯。隔了一个礼拜，我就收到萨克斯的短笺，邀请我下次到纽约时去看看他。我去的时候心中惶惑不安，但是他对我的假设很有兴趣，于是我请他和我一起发表这篇报告。"

结果考克斯和奥立佛联合发表了一篇报告，描述考克斯的假设，奥 133

立佛称之为“蝙蝠怪假设”（batty hypothesis）[译8]。

考克斯和他的同事为了检验蝙蝠怪假设，分析了博物馆中关岛狐蝠的标本，发现其组织内含巨量的BMAA，浓度是法当中含量的一千倍。[4]一个人得吃下一吨以上的法当，才能摄取到一只狐蝠体内BMAA的含量。事实上，每克的狐蝠组织中，所含的BMAA是新鲜苏铁种子的一百倍。但狐蝠体内的BMAA从何而来？原来BMAA最初来自一种微生物，称为蓝菌（cyanobacteria），这种菌类栖息于苏铁特化的根部中，这种特殊的根部生长在土壤表层，因此栖息于根部的生物可以接触阳光。蓝菌对苏铁有益，因为它有个特长是其他植物或动物自己办不到的——蓝菌可以把大气中无法为植物利用的氮气，转化为水溶性的含氮化合物，供宿主植物吸收。苏铁似乎不仅从蓝菌这位微生物贵客身上获取含氮化合物，还得到很有用的化学武器BMAA。每克的蓝菌中所含的BMAA固然不多，但在苏铁中浓度增加一百倍，在狐蝠中浓度又再增加一百倍。因此，BMAA通过生物放大效应，经过关岛上的生态系统，就放大了一万倍。在食物链顶端的查莫多人，又把狐蝠放在椰奶中煮，整只拿来吃。

现在，肌肉萎缩症疑案所有的证据都拼凑起来了。考克斯和他的团队经由进一步研究，更为肌肉萎缩症两个先前未获恰当解释的现象，提供清楚的解释。一是最近肌肉萎缩症逐渐从关岛消失，而最近有种狐蝠因为过度捕猎绝种，另一种则濒临绝种，这两件事刚好同时发生，表示肌肉萎缩症逐渐消失，是因为查莫多人再也吃不到造成疾病的致

译8：原文batty有疯狂古怪之意，而bat意为蝙蝠。

命佳肴了。[5]另一是疾病的症状延迟发作，这可能是因为 BMAA 可藏在某处逐渐累积，和蛋白质结合，再慢慢释放到脑部。[6]研究团队发现， 134
法当中与蛋白质结合的 BMAA 浓度也很高，所以或许法当也会造成中毒，不过不是主要来源，否则狐蝠绝种时，疾病大概就不会随之消失了。最后，考克斯的团队检验人脑中是否有自由型的 BMAA 和蛋白质结合型 BMAA。他们将死于肌肉萎缩症的查莫多人脑部样本，与死于其他原因的查莫多人脑部样本互相比较，发现所有死于肌肉萎缩症的查莫多人脑部都有 BMAA，而非死于肌肉萎缩症的两个人中，有一个人脑部也有 BMAA。他们另外还分析了两组加拿大人的脑部样本，其中一组有两个人，死于症状类似肌肉萎缩症的阿兹海默症（Alzheimer's disease），另一组 11 人，死因与神经疾病无关；结果发现，11 人的这组脑中都没有 BMAA，而死于阿兹海默症的两人脑中都有 BMAA。这两位病人可能从其他地方摄取到 BMAA，因为蓝菌在许多水生与陆地的生态系统中都很常见。[7]我们不清楚世界上有多少人是因为从饮食中摄取到的神经毒素而罹患阿兹海默症，但要不是考克斯的蝙蝠怪假设，阿兹海默症与 BMAA 的关联可能永远都不会被发现。

14

“向日葵啊！”——油脂

向日葵啊！厌倦了时间， 135
数算起太阳的步伐，
追寻美妙的金色国度，
旅人的客途终结之处。

——威廉·布莱克（William Blake），

选自“向日葵”（Ah! Sun-flower），《经验之歌》

太阳横跨天际，向日葵的蓓蕾也不屈不挠地追随着阳光，让阳光把还在发育的种子烘得暖洋洋的，直到花瓣舒展开来，整朵花面朝东方停驻，怒放的鲜黄放射出东升旭日辉煌灿烂的形影。诗歌常赞咏盛放的向日葵，说向日葵永不懈怠地反复追随着天际的太阳，此说流传虽广，可惜却是错误的。尽管有数不尽的诗人滥用身为诗人的特权，说盛开的向日葵会追随太阳，实际上，只有未开的向日葵花苞才会跟着太阳转。[1] 科学观察或许让向日葵丧失诗意的联想，但另一方面，却也对向日葵的演化起源献上诸般赞扬。

向日葵是北美原生植物，北美原住民会收集向日葵的种子，并加以 136

栽植。1875 年，约翰·威斯利·鲍威尔（John Wesley Powell）* 描述美国大峡谷地区部落收集、烘烤向日葵种子的情况：

> 她们收集了许多植物的种子，如向日葵、野黄菊和禾谷。为了收集种子，她们带着圆锥形的大篮子，可以装上两蒲式耳有余。[译1] 妇女以前额抵住绑着篮子的宽布条，将篮子悬负于背上，左手拿一个小篮子，右手拿一面柳条编织的扇子，走在禾谷间，把种子拨进小篮子里，并不时将小篮子里的种子倒进大篮子里，直到大篮子装满了种子和谷糠。接着她们把谷糠筛去，烘烤剩下的种子。她们烘烤种子的方式相当奇特，是把种子以及许多烧得发红的煤块，一起放在柳枝编的托盘里，然后快速灵巧地摇晃、翻动盘子，让煤块保持发红，种子和托盘又不致燃烧。烘烤种子的老妇人动作灵巧，仿佛施展魔法一般，让烤好的种子滚动到托盘的一侧，煤块滚动到另一侧。接着便将种子磨成粉，做成饼和粥。[2]

美洲原住民不仅采集向日葵的种子，也栽培向日葵。在欧洲人抵达美洲之前，驯化的植物在当地已随处可见，像现代栽培的变种一样，穗实较大。原住民栽培的向日葵带着所有驯化植物的正字标记，就像大麦、小麦和玉米一样，茎干不分枝，种子比野生的亲戚大得多，种子成熟时不会从穗中掉出来，也不休眠。

* 19 世纪后半叶美国西部探险家，1869 年带领地理探险队前往犹他州绿河（Green River）、科罗拉多河流域，深入大峡谷，为期三个月。

译 1：两蒲式耳约 36.37 公升。

译 2：著名的经济植物学家，以研究向日葵和驯化植物起源而闻名。

1976年，向日葵大师查尔斯·海塞二世（Charles B. Heiser Jr.）(译2) 撰
写了他的经典作品，(译3) 信心满满地认为，在新大陆中，向日葵是墨西哥
以北唯一的驯化作物。但向日葵驯化的缘由却还带着问号。向日葵野生
种聚集于美洲大陆西南方，但从考古遗迹挖掘出的人工栽培向日葵种子
（种子很大，和野生种的起源必然不同），却都集中在中部和东部地区。
例如，在肯塔基州（Kentucky）(译4) 的猛犸象洞窟国家公园（Mammoth 137
Cave National Park）里，就曾发现人工栽培的向日葵种子，年代达三千五百
年。而如今大小介于野生种与人工栽培种之间的杂草种向日葵（weedy
sunflower），也生长在美国中部与东部。对此，海塞的解释相当巧妙：

〔在西南部，〕人开始利用植物以后，就将种子由一处带往另一处。意外散落到印第安村落附近的种子，可能找到了适合成长的新栖地。由此，植物可能随着营地迁徙散播开来，随着印第安人迁徙，植物就散布到新的区域。虽然这植物尚未成为栽培的对象，但已开始与人类产生了密切关联。我们不晓得人类出现前，一般野生向日葵生长的确切区域，以及生长区域的大小，但向日葵肯定是由人类从原来的西南部栖地（西至加州，南至得州，东越密西西比河）散播到许多新的区域，……在其分布范围的东部区域，逐步演化出特殊的杂草种。新品种最显著的特点，就是只能生长在印第安人村庄周围的人工干扰地，有较大的穗，结的瘦果因此也更大，成为比原本的野生品种更佳的食用植物。如今，尽

译3：即《向日葵》。

译4：位于美国中西部。

> 管一般向日葵的东部杂草品种和西部品种交叠生长于一个广阔的区域，但咸已认为是两个不同品种。[(3)]

瘦果是向日葵“种子”的植物学名称，学术上来说，向日葵种子其实是干燥的果实。

因此，海塞推测，向日葵随着美洲原住民向东迁徙，一路演化而变得依赖人类，最后完全驯化，当地也没有野生的向日葵与之竞争。向日葵小史到此告一段落，北美东部地区成了驯化向日葵最早的发源地。岂知2001年，这项头衔却被墨西哥海岸的塔巴斯科（Tabasco）地区给抢
138 了去。当地一处考古挖掘中，发现了一粒向日葵籽，大小和栽培种差不多，年代距今已有四千年以上。[(4)]看来，墨西哥不仅毫无疑问是玉米、豆类、辣椒、小果南瓜的原产地，还夺走了美国驯化发祥地的头衔。这件事说来有点讽刺，数以万计、跨越边界到美国种植谷物的墨西哥移民工，大概会听得津津有味吧。不过，事情到这里还没结束。

谷类驯化研究并不限于单一科学门类，而是许多门类的成果。考古学家发现植物，植物学家鉴定植物，物理学家以放射性碳元素及其他方法判断年代，遗传学家描绘演化图谱。有时考古标本里可取到DNA供遗传研究，但这些标本必须保存良好才行，这很难得一见，因为对动物和微生物来说，人工栽培植物的种子可是一顿肥美的佳肴，所以保存下来的多半是已经烧焦、不能吃的种子，其中已经没有存活的DNA了。不过，遗传学还有另一种方法追溯植物的起源，那就是检验与此种植物关系最亲近的现存植物。

2004年，有项研究将栽培种的向日葵和美国、墨西哥采集

的一年生向日葵（*Helianthus annuus*）族群互相比较，发现所有用以
比较的栽培种（包含美国农业部〔USDA〕栽培的品种，猛犸种，美国霍
皮〔Hopi〕、哈瓦苏派〔Havasupai〕塞内卡〔Seneca〕部落传统栽培品
种，以及墨西哥的栽培种），相较于墨西哥野生品种，和美国野生品种的
关系都比较亲近，证明今天的栽培种向日葵乃系出北美，而非源自南部
的墨西哥。不仅如此，在 21 个用来比较的野生种中，和现代的栽培种
关系最近的来自美国东部的田纳西州。[5] 恰如海塞所推测，向日葵似乎 139
是从东部的杂草种驯化而来。

但塔巴斯科地区四千年的向日葵又是怎么回事呢？看来当地的向日葵必定来自其他驯化品种，但后来绝种了；不然就是北美东部驯化的向日葵被带到南方。毕竟，种子原本就是设计来跋涉迁徙的，向日葵后续的历史发展也显示，此时向日葵才刚踏出环游世界的第一步呢！

虽然欧洲殖民来到美洲后，很快接纳了另一种北美作物——玉米，但是一直要到 20 世纪后半叶，才开始有规模地种植向日葵。奇怪的是，就像先知在故乡通常不受尊敬，首先看出向日葵潜力，能当成作物栽培的也不是美国。孕育着种子的向日葵，确实应该凝视东方，因为将向日葵视为作物、育种并加以改良的是在东方的俄国人，向日葵也是从俄国散播到世界其他角落，最终回到北美洲，受到广泛的栽培。猛犸种和美国农业部的向日葵品种，也都栽培自俄国品种。

美国忽视向日葵或许是因为它随处可见，而俄国栽种向日葵的原因却恰好相反：当地人几乎从没见过向日葵。19 世纪初，俄国东正教教会（Russian Orthodox Church）发布一项圣谕，列出一张含油食物的清单，禁止在复活节前的斋戒期及圣诞节前四十天食用清单上的食物。[6] 这

两段时间正是一年中最寒冷的时候，滋味浓郁的食物能带来温暖，谁都想多尝一点，但是几乎所有富含油分的食物都在禁止之列。当时，含油量 30% 的向日葵种子在俄国仍然很少见，所以没有列在禁止名单中。俄国人立刻热切地栽种向日葵，取用种子内的油脂，不必担心触犯宗教禁令。

140 知道俄国人如此热切地寻求油脂来源后，我们不妨跳脱常轨思考一下。想象一下，有座化学工厂可以将水、肥料和空气转变成高质量、高价值的油脂，只需使用太阳能，排放的废物只有氧气。此外，工厂制造的油脂以干燥的形式卫生地包装起来，容易运输、储存与处理，包装用完后能回收，富含营养价值，可作为家畜的饲料。家畜产生的粪肥又能送回工厂，帮助制造更多油脂。像这样环保的工厂如果真的存在，要值多少钱？总有十几亿美元吧。这种工厂当然存在，而且极其便宜，几乎可以说免费，只要你把一粒向日葵的种子扔进土壤里，到了季末，就能看它繁衍出数以百计的种子来。

产油植物有上百种，葵花籽油不过是其中一种。油料种子的世界贸易金额每年高达 610 亿美元。[7]油料种子种类之广，应用之多，真叫人大吃一惊。石栗（*Aleurites molucanna*）又称烛果树，由早期波利尼西亚（Polynesian）殖民者带到夏威夷岛，种子富含油脂，就像支蜡烛，可以烧上 45 分钟。计算时间时，波利尼西亚人会把好几颗石栗果绑在棕榈树叶片的叶脊上，点燃最上面一颗石栗果。[8]想来，每户波利尼西亚人家里应该会常这样吩咐："第三颗石栗果的时候回来。"

恶名昭彰的蓖麻素源自蓖麻的种子，其种子有一半以上的重量来自油脂。古时候就将蓖麻油作为灯油，而且蓖麻油有个优点，就是放久了不会有油耗味。冷压的蓖麻油不含蓖麻素，但服用会引起恶心、呕吐和下痢，作用很强，不过治疗便秘效果奇佳。蓖麻油及相关衍生物有上百种商业用途，从化妆品、药品、黏着剂、炸药、增塑剂，以至喷射引擎 141
的润滑油；[9]也难怪美国国会将蓖麻油列为国防重要战略资源。

有些棕榈树的种子蕴藏丰富的油脂。油棕榈（*Elaeis guineensis*）的油可食，也用来制造肥皂，棕榄牌（Palmolive）香皂的名字就是这样来的。巧克力使用的可可脂，则来自可可树（*Theobroma cacao*）上的可可豆。如果你拿到一本新印的书，或许可以闻到书页上亚麻籽油墨好闻的香气，说不定现在你手中这本书就闻得到这样的香气呢！油画颜料，还有釉彩中的油灰，用的也是亚麻籽油。沙漠荷荷巴（jojoba）灌木油可用于化妆品。大豆、向日葵、芥花菜、花生和玉米都是生长快速的作物，生产便宜的油脂，用于食物和烹饪。

2002年，英国威尔士的超市突然出现川流不息的顾客，每个人都买了满满几个手推车的便宜食用油。因为食用油比柴油便宜多了，许多人就在油箱里加满了芥花籽油。这样做规避了燃料税，是违法的，不过德国却许可此类行为，甚至加以鼓励。将精炼石油与植物油混合，就是生质柴油，咸信是一种比较环保的油，对生态冲击较小，在各处广泛销售，且如今欧盟法规也鼓励在燃油中加入植物油。生质柴油听起来似乎对环境有益，却会对环境产生意想不到的冲击。为了种植产油的棕榈树，东南亚的雨林纷纷被砍除，以满足欧洲市场对“永续”燃油的新需求。[10]摧毁雨林不仅威胁生态多样性，树木燃烧以及土壤中有机物氧化时，也会释出二氧化碳。因此，从产油棕榈得来的生质柴油，不仅不环保，也谈不上永续。埃克森（Exxon）石油公司（在欧洲的名字是埃

索〔Esso〕石油）曾经用一句标语为汽油打广告，标语写着“油箱里的
142 猛虎”。如果你油箱里的燃油来自东南亚的产油棕榈，你的保险杆上应该贴张贴纸，写上“油箱里的红毛猩猩”，因为破坏雨林将会导致红毛猩猩绝种。

油棕榈之所以能制成优良的燃料，是因为它的油脂能量特别丰富。基本上，植物和动物的油脂化学结构相同，但是其中蕴含的能量不同。两者化学上都称为三酸甘油酯，三酸甘油酯分子中储存的能量多寡，与化学结构有关。三酸甘油酯的骨架是由碳原子串联的三个链组合而成（所以叫做“三酸”），三链尾端相连，就像没有把柄的三叉戟。其中的三个叉戟就是脂肪酸链，连接叉戟的则是甘油分子。每个三酸甘油酯的特性，取决于每条脂肪酸链上有多少碳原子，以及这些碳原子彼此连接的方式。碳原子之间可能以单一化学键相连（单键），或以两个化学键相连（双键）。[11]

如果你还算注重饮食（谁不注重啊？），对“饱和脂肪”和“多元不饱和脂肪”大概不陌生。食品广告常常写着“低饱和脂肪”，或“富含多元不饱和脂肪”，看得出哪种脂肪对人有益，哪种不利；这些词形容的是脂肪酸链的化学结构。如果脂肪酸链上的碳链彼此以单键连接，则称为饱和脂肪；如果碳链间有一个或多个双键，则称为不饱和脂肪。多元不饱和脂肪就有多个双键。

若脂肪酸链长，双键数少，三酸甘油酯分子会结合得更紧密，使熔点较高。例如我们熟悉的巧克力就含有丰富的饱和脂肪，在摄氏 20 度下仍保持固态。若脂肪酸链短，双键数多，则三酸甘油酯熔点较低。例如，食用油通常由含不饱和三酸甘油酯的种子制成，即使放在冰箱，保

持五摄氏度，依然为液体。在室温下为固体的三酸甘油酯俗称脂肪，为 143
液体的则称为油。葵花油含有不饱和三酸甘油酯，将其中的双键经化学转换成单键，就可以变成固态的乳玛琳（人造黄油）。

种子中的油脂总是由很多不同的三酸甘油酯混合，有些是饱和，有些是不饱和。然而，种子竟然含有不饱和三酸甘油酯，这是很奇怪的。奇怪的原因有两个，首先，棕榈油里的那些饱和三酸甘油酯，比不饱和的能量更丰富。那么，母株为什么不对后代慷慨一点，像油棕榈一样，尽量给每颗种子能量最丰富的食物呢？你可能以为答案很简单，因为不是每个母亲都负担得起这么高昂的成本——但实际上并非如此。所有植物生产的三酸甘油酯都先合成为饱和的形式，之后一部分才转为不饱和分子，所以对植物来说，制造不饱和三酸甘油酯分子，比制造饱和三酸甘油酯成本还高。[12]因此，即使饱和三酸甘油酯比不饱和的含有更多能量，生产起来却比较便宜。植物种子含有不饱和三酸甘油酯很奇怪，这就是第二个原因——不饱和三酸甘油酯成本非常高。

尽管在种子中贮存不饱和三酸甘油酯会增加成本，并降低油脂中的能量，植物还是这么做，则这么做一定有优点。优点是什么？当然和人类喜欢不饱和脂肪胜过饱和脂肪的理由不同，植物不会得心脏病。有趣的是，哪些植物的种子有大量饱和脂肪，哪些植物的种子有较多不饱和三酸甘油酯，和地理位置有明显的关系；借此我们可以看到一些蛛丝马迹，了解植物种子含有不饱和脂肪到底有什么优点。种子油脂和地理的关系是：种子萌芽期间气候愈凉爽，其所含的不饱和三酸甘油酯比
例愈高。这种关系极为常见，甚至不同品种的向日葵都有这种模式。[13] 144
原产于加拿大的野生向日葵种子中，只有约 6% 的饱和脂肪。纬度往南

20 度，在墨西哥，当地向日葵种子所含的饱和脂肪有 12%，是前者的两倍。即使在单一品种的各野生族群之中，像一年生向日葵，也可观察到这样的对比。研究发现，在得州，一年生向日葵种子中有百分之十二的油脂是饱和脂肪，而在加拿大的萨斯喀彻温省（Saskatchewan）省，同一品种的向日葵种子饱和脂肪的比例不到前者的一半。

我们要怎么解释这种关系呢？有个可能的解释，那就是温度较低时，种子储存的油脂如果是饱和形式，就不容易发芽。这可能是因为多数生化反应发生在溶液中，而在低温下饱和油脂并非液态，欲发芽的种子无法利用。另一方面，不饱和脂肪由于熔点较低，在低温下显然更容易进行新陈代谢。虽然种子中的油脂看起来是固态，而非液态，但在分子的尺度下，当温度低于油类和脂肪实际熔点五十摄氏度以下，油类和脂肪具有不寻常的特性，会表现得像是液体。[14]

所以，妈妈的话还是对的；如果在寒冷的气候里，固态能量会像巧克力棒一样结冻变硬、无法利用，那给种子巧克力棒当做能量来源，就一点道理也没有了。在寒冷的气候下发芽，需要不饱和的能量。有些植物生活在最寒冷的温带地区，如燕麦、大麦、小麦、栎树、栗子以及山毛榉，这些植物甚至不使用不饱和脂肪，而以碳水化合物（淀粉）的形式储存能量。植物也只有在必须以浓缩形式储存能量时，才会像种子这样运用油脂。如果存储器不是问题，植物会以碳水化合物的形式，将能量储存在营养器官中，就像淀粉储存在马铃薯中。即使像芋头这样的热带植物，存储在球茎中的能量也是淀粉。所以，产生油脂，是种子的专长。

15

约翰·巴雷康：啤酒

三位国王来到东方，145
三位威武高贵的国王，
国王庄严地宣示
约翰·巴雷康一定要死。
举起犁来，把他犁倒，
土块落在他头上，
他们庄严地宣示
约翰·巴雷康已死。
但美妙的春天再度到来，
雨水降临大地；
约翰·巴雷康又站了起来，
吓了他们好大一跳。

——罗伯特·彭斯（Robert Burns，1759—1796）*，
“约翰·巴雷康”（John Barleycorn）

* 苏格兰诗人，出身穷苦农家，为浪漫主义运动的先驱之一，作品多以苏格兰方言写成，并常将地方民谣改编入诗。

等到约翰·巴雷康完全长成，随年岁而染黄，三位国王对约翰·巴雷康又是镰刀砍，又是棍子打，把他吊起来，又浸入一洼幽暗的水坑，用灼灼烈焰烘烤，再放在两块石砾中间压碎，最后以喝得烂醉的狂欢
146 作结。这些行径实在太暴力，应该列入限制级。上述啤酒酿造法删节一下，改用大麦来酿造，听起来就没那么刺激，不过比较容易理解；大麦种子必须先发芽，使酵素具备活性，才能将麦子中的淀粉转为麦芽糖。烘烤发芽的大麦种子，可将部分的糖转为麦芽，等麦芽浆发酵后，就能将糖分转为酒精。

别低估了啤酒，人要健康愉快可少不了啤酒。还没有干净的饮用水之前，喝淡啤酒（酒精含量较低的啤酒）比喝受污染的井水安全。古罗马历史学家老普林尼（Pliny the Elder）在他二十四卷的巨著《自然史》（*Natural History*）中提到，“西方的国家有自己的酒精饮料，将谷类浸泡在水中制成。西班牙和高卢各省有各种做法，……这种做法可真是别出心裁啊！用这种方法，连水也能让人醉。”(1)

从普林尼的话中，透露出这位喝葡萄酒的罗马贵族对啤酒嗤之以鼻，认为喝啤酒是种不文明的风俗，只有住在罗马帝国边陲地带的野蛮人才喝啤酒。对于以大麦为食，普林尼倒不带特殊贬义，并写道以大麦为食源远流长，受希腊雅典人尊敬。即使在罗马，也曾以“*hordearii*”称呼竞技场的斗士，意思是“吃大麦的人”。(2)

普尼林认为大麦很早就成为人类饮食，这种想法也获得考古学的证据支持。人类社会从狩猎采集转变为农耕聚落时，大麦极为重要；农业刚于欧亚大陆的肥沃月湾（Fertile Crescent）发展时，最早驯化的三种作物中，有一种就是大麦。(3)肥沃月湾的形状就像弯曲的镰刀，从地

中海东岸的以色列和巴勒斯坦开始，形成一个广阔的弧形区域，北至叙利亚及土耳其，并往东南延伸至伊拉克的底格里斯河与幼发拉底河河谷。观察古时因烧焦而遗留下来的大麦，或许可以看出新石器时代促成农耕聚落的革命如何展开。考古学家在以色列耶利哥城（Jericho）附近
挖掘出新石器时代聚落通营之径（Netiv Hagdud），也发现了农耕聚落的 147
滥觞。人类仅占据了通营之径 300 年，约公元前 8500 年后就不再有人居住，因此没有后来的居民抹去早期的遗迹。当时通营之径的居民猎捕各式各样的野生动物，遗址中还出土了镰刀状的燧石刃，可收割谷物。当时的人也采集野生植物，种类繁多，包括无花果、开心果、橡实以及杏仁；然而众多遗存显示，大麦才是当时主要的粮食。

在通营之径地区发现的大麦是驯化的作物，还是从野生种采集而来？以显微镜检验植物遗存可以找到答案。禾本植物的种子稔实时包覆在花朵中，形成小穗。而野生二棱大麦（*Hordeum vulgare* subsp. *spontaneum*）一类的野生禾本科，花穗成熟时，小穗会完全脱离并散去，脱落处则留下一道瘢痕；相较之下，驯化谷物成熟后小穗不脱落，仍留在穗上，收割后须以脱谷机分离，脱离处留下一道裂痕，是为其特征。检验通营之径地区的大麦遗存后，发现多数留有脱落的瘢痕，而非打谷留下的裂痕，表示收成自野生大麦。

大麦脱落与否由两个基因控制，野生大麦族群中，少数因基因变异小穗并不脱落，对大麦的驯化至为重要。[4] 考古学家认为大麦驯化大约起自人类迁离通营之径后。大麦从成熟后脱落的野生品种转变为不脱落的驯化作物，期间不超过三百年，过程中定然历经人择。人择是很常
见的历程，人类有意无意间的选择，推动了动物或植物在演化上某个 148

特征的改变。举个众人熟知的例子，如今所有品种的狗都来自相同的祖先，这就是人择的结果。

大麦的驯化亦然，但古时候农夫的选择大概是无意间产生的，因为用镰刀收割野生谷类，不可免地采集到的种子以不脱落的为多。试想在野生禾本类成熟时收割麦梗，镰刀挥动时会让穗顶最先成熟的种子掉落，遗留在地上，而带回家的大麦则多半是还未成熟的种子，以及不脱落品种的已成熟种子。明年你又从这些带回家的种子中选一些来种植，年复一年。每年不脱落种子的比例都会增加，到最后作物完全被驯化，不借助外力种子便不能脱落。

但上述只是驯化的第一个阶段。驯化借由人择，使肥沃月湾的野生大麦产生许多重要的改变。[5]大麦结三联小穗，互生于穗上，但野生品种仅中间的小穗稔实，成熟的穗上只看到两侧的小穗；最先驯化的大麦也有这种二棱结构。双侧小穗是否稔实由单一基因控制，而只要有基因，就会有突变——二棱大麦驯化后不久，大麦基因突变，再经过人择，从此三联小穗都能稔实。突变后大麦穗上有六棱小穗，比起二棱大麦，六棱种子再次播入土中的机会是三倍，播种的人根本不必费心挑选。至于六棱大麦为何没有因数量上的优势在野生族群中取代二棱大麦，原因仍不清楚。六棱大麦在自然环境中一定有些不利之处，才没有得到天择青睐。

149 大麦在新石器时代驯化的过程中，至少有一种特征是古时的农夫刻意选择的。野生大麦及多数栽培种大麦经打谷后，种子仍包覆在花朵一部分的结构中，这种带壳的糙麦可酿酒或作为动物饲料。不过传统农业社会偏好以没有外壳的“裸露”型大麦为食。大麦种子是裸露或带壳仅由单一基因控制，因此野生大麦或早期驯化的大麦作物中必定有少部分是裸露型的种子，但经由人择，六棱、裸露型的大麦很快就成为一种特定的品种。由于种子是否带壳要等到收割后才能明白，所以收割的过程本身并不会让裸露种子产生优势，一定是农夫播种时刻意选择了裸露型的大麦。

大麦于肥沃月湾驯化期间，二粒小麦（emmer wheat）和单粒小麦（einkorn wheat）也同时被驯化，产生相同的改变，经由人择，麦穗从脱落转为不脱落。小扁豆和豌豆是另外两种肥沃月湾早期驯化的重要种子作物，人择亦阻碍了这两种作物野生祖先原本的种子散播机制，使豆荚转为保持紧闭，直到采收时节。经由人择，我们承袭了新石器时代起演化改变的趋势，选择尺寸较大的种子，才产生如今我们享用的硕大谷粒与饱满的豌豆及小扁豆。

与酿造啤酒有关的驯化不仅一种，而是两种。想要酿造啤酒，除了大麦，还得有一种重要的微生物，那就是啤酒酵母菌（*Saccharomyces cerevisiae*）。啤酒酵母菌也用来酿葡萄酒及烘焙面包，但迟至最近，科学家才发现啤酒酵母菌驯化的历程。就和驯化的大麦和葡萄一样，啤酒酵母菌一定也有野生品种的亲戚，但啤酒酵母菌在野外并不常见，在自然环境中关系最近的品种存在于发酵的水果、含糖的树液里，还有免疫力低下患者的临床检体中。150

由于啤酒酵母菌在自然环境中相当罕见，有些人认为啤酒酵母菌的“野生”族群也许躲过了驯化；乍听之下这好像有点难以置信，但既然野猫和鸽子在城市里四处出没，谁说不会有野生酵母菌？想想看这会造成什么影响：免疫系统通常可保护我们不受酵母菌感染，但免疫能力低下的患者对各种感染的抵抗力都很弱。如果你带着一盒葡萄去探望生病住院的朋友，一般来说水果是给病人吃的，谁想得到葡萄果霜里的酵母菌倒反过来把病人给吃了！

为了研究野生酵母的起源，密苏里州圣路易市华盛顿大学医学院的助理教授贾斯汀·费依（Justin Fay）以及约瑟夫·贝纳维德斯（Joseph Benavides）从世界各地收集了81种野生或驯化的酵母菌株，建立了这些酵母菌的演化图谱。[6]演化图谱就像家族图谱，可以显示亲人共同的祖先，让我们知道“要往上找几个世代，才能找到某两个人共同的祖先”。对于兄弟姊妹来说，上溯一个世代就是他们的共同祖先；以堂表亲来说，则要回溯两个世代；而远房堂表亲就必须回溯三个世代了。演化图谱和家族图谱有一点不同，那就是演化图谱可以回溯上万年至上百万年，显示这段时间的演化改变。

啤酒酵母菌的演化图谱有几个有趣的现象。首先，图谱解决了一个问题，让我们知道野生酵母菌是否演化自驯化的酵母菌。结果发现并非如此。举例来说，从免疫低下患者体内分离出的十一株酵母菌中，有十株应该是野生酵母菌，只有一株和葡萄园里的酵母有关。喜欢带葡萄
151 探病的人听到这则消息，一定松了口气。从树液等野生来源分离出的酵母菌，也并非演化自驯化酵母。事实上刚好相反。

演化图谱上，最久远、最古老的酵母菌来自非洲的棕榈酒，以油棕榈的树液酿成。由于树液中原本就含有野生酵母菌，也许酵母菌就是发酵棕榈酒时，在非洲第一次和人类接触。别忘了，人类亦起源于非洲，这就不禁让人猜想，或许早在大麦和其他谷麦类被驯化、啤酒和面包成为我们的日常饮食之前，啤酒酵母菌就已经在非洲被用来发酵

酒类了。谷类大约是一万年前于肥沃月湾驯化，那已经是智人从非洲分布出去以后很久的事了。

费依和贝纳维德斯的演化图谱也显示，今天在日本用来酿造清酒的酵母，和用来酿造葡萄酒的酵母在图谱上属于不同分枝，一个在东方，一个在西方，代表两个不同的驯化历程。由于稻米是在远东地区驯化，和谷麦类在肥沃月湾地区驯化是两个独自存在的历程，因此有这样的结果也不叫人意外。理论上我们应该能找出东西方分枝的啤酒酵母菌最早源自哪个共同祖先，但实际上，我们必须先大致假设一下酵母菌平均的世代时间（generation time）。世代时间指的是从个体繁殖第一个子代，到这些子代自己也开始繁殖子代，期间经过多少时间，换句话说，也就是从你当父母到你当祖父母之间的时间。人类不同族群的世代时间各不相同，不过平均约在 20 至 25 年。酵母菌则是大约三个小时。

费依和贝纳维德斯假设酵母菌的世代时间是 3 小时，据此估计东
西方的酵母菌大约在 12000 年前分离。不过两人也明白，如果酵母菌 152
的世代时间估得过低，说不定东西方酵母菌在 10 万年以前就分离了。目前最早的发酵饮料是在中国发现的，当地新石器时代的陶罐里有些残渣，显示陶罐里曾装有酒精饮料，可能由发酵的稻米、蜂蜜和水果酿成。陶罐的历史有 9000 年之久，所以估计酵母在 12000 年前驯化，大抵上是对的。[7]

诚然，酵母菌驯化的时间已大致推算出来，如果有进一步的演化或考古学研究证据，时间还会更明确，不过显然从新石器时代晚期起，人类就已经开始酿造酒精饮料，或许还要更早。那么，究竟为什么酵

母菌愿意帮我们制造酒精？酒精对多数微生物都有毒，对酵母菌又有什么好处？也许有吧，但还有个更简单的解释，那就是酵母菌不得不制造酒精。

如果你曾自己酿过啤酒或葡萄酒就知道，酵母菌只有在没有足够的氧气时，才会将糖分转为酒精（乙醇）。如果氧气进入发酵罐，酵母就会将糖分化为水、二氧化碳，以及更多的酵母菌。然而，在无氧的情况下，酵母无法将糖分完全氧化，产生不完全反应，产物便为乙醇。乙醇含有强大的化学能，甚至可以用来发动内燃机。

酵母菌在缺乏氧气，因而产生高效率的能量产物时，分裂的速度非常慢，所以无疑地，产生酒精的无氧环境对酵母菌来说不是最理想
153 的。但事情还没完，因为演化的习惯就是把劣势转变为优势。乙醇的优点就是可以杀害其他微生物，所以众所皆知乙醇可以防腐。[(8)]在特拉法尔加（Trafalgar）战役[(译1)]中，就在英国赢得光荣胜利的那一天，英国海军司令纳尔逊（Lord Horatio Nelson）中了狙击手的子弹；生命垂危之际，他提出了遗愿，不要按照海军的习俗葬在海里。据说，为了在回乡的漫漫航程中保存纳尔逊的遗体，海军把纳尔逊的遗体存放在一桶皇家海军朗姆酒中。遗憾的是，当纳尔逊的船抵达朴次茅斯（Portsmouth）港时，朗姆酒已经消失无踪。水手在桶上打了小洞，把酒喝得一滴不剩。

酵母菌和水手一样不怕乙醇，而且制造乙醇让酵母菌可以先下手为

译1：1805年10月，由纳尔逊带领的英国皇家海军以寡敌众，打败法国和西班牙组成的联合舰队，不仅保护了英国国土，更确立了英国的海上霸权；但纳尔逊自己却中弹身亡，身后遗体运返英国，葬于圣保罗大教堂（St. Paul’s Cathedral）。

强，胜过不能碰酒的竞争对手。更棒的是，酵母菌演化出一种基因，可以将累积的乙醇作为能量来源，让酵母菌有了好酒量。有了这项生化天赋，啤酒酵母菌成了顶尖好手，能夺取、保护，进而利用水果中的糖分。

啤酒酵母菌并非唯一能制造酒精的酵母菌，但是以酒精作为能量来源，却是啤酒酵母菌独一无二的能力。制造酒精的酵母菌，和制造乙醇所需的醇脱氢酶（alcohol dehydrogenase，简称 ADH）之间，有个共同的基因。不过啤酒酵母菌还有 ADH 基因的改造版本，可以和醇去氢酶（ADH2）一起反转酒精的制造过程。感谢 ADH2，让啤酒酵母菌成为酒国英雄。

啤酒酵母菌是什么时候获得 ADH2 的呢？是否与长期以来啤酒酵母菌发酵酒类有关？ADH2 是酵母菌驯化后的产物吗？分子演化学研究否定了这项推论，但提出的解释却更加奇特。在啤酒酵母菌的演化史中，ADH2 基因的起源可追溯至八千万年前的白垩纪。当时显花植物正开始发展，饱满的水果也于此时演化，而水果正是酵母菌生长的自然环境。[9]

人类这个物种相当晚近才步入进化史，我们应该好好记住，大自然提供给我们的面包和啤酒都有自己的演化故事，多数比人类的演化古老 154
得多。演化蜿蜒曲折的过程中充满惊喜，物种与其他物种互动，演化出种种适应及反适应，看似混乱，但底下其实有一个不断循环的主旋律，或许可以称之为约翰·巴雷康，因为无论面临什么逆境，总是有演化希望的种子，从挫败的坟土中，缓缓探头发芽。

16

幻觉的疆域：咖啡

咖啡拓展了幻觉的疆域，让愿望更为可期。 155

——伊西多尔·波登（Isidore Bourdon, 1796—1861）

说起咖啡豆的自然史与咖啡作为饮料的由来，免不了要提到咖啡树用来自我防御的一种小小化合物，而这种化合物却极合人的胃口。在咖啡树的自然史中，咖啡因从防卫的角色，转为促使人类散播咖啡的动力，使得无论在天涯海角，只要气候适合，都有咖啡树的踪迹，这整个过程只是演化迂回历程中另一个小转折。演化的道路总见困境扭转、命运改变、惊奇乍现，一切却是漫无目的。如果演化真有目的，那它就是恶作剧能手，出其不意地叫人时而中毒，下一刻又兴奋上瘾，一切却只是场冷漠无情、难以捉摸的消遣。然而，演化实则欠缺终极的目的。每个演化上的创造，仅来自我们自身的推断；而我们的行为，则催生了咖啡豆。

咖啡豆是世界上最有价值的种子，在粮食贸易中，比小麦、玉米、 156
稻米以及大豆都值钱；事实上，在全球贸易中，咖啡的价值仅次于原油。每年全球饮用的咖啡有 4000 亿杯之多，相当惊人。以棒球场来说明，假使洋基棒球场是世界上最大的无底咖啡杯（再来只巨大的棒球棍充当咖啡杯把手），每年全世界的咖啡壶可以为洋基咖啡杯续杯 85 次之多。

来点咖啡因的改造行动吧！你可以向当地的咖啡专门店要些还没烘焙过的绿色咖啡豆，如果这家咖啡店卖的真是新鲜咖啡，那应该有些新鲜存货以供每日烘焙。如果咖啡生豆真的够新鲜，种在温暖潮湿的土壤中，应该有几颗会发芽。这时咖啡因就开始在植物中发挥它天然的功能了。开始萌芽后，咖啡树的胚会吸收种子胚乳里所有的养分，包括其中的咖啡因。[1]咖啡因是种万能的防御分子，对昆虫有毒，可抑制细菌与霉菌生长，杀死蜗牛和蛞蝓，甚至抑制植物生长。不过咖啡树并不会因为咖啡而中毒，因为咖啡因在植物组织中不具活性，阻绝了危害。

种子发芽后，部分的咖啡因会从幼苗的根部渗入土壤，或许可以保护咖啡树，抵抗病原体，并妨碍周遭竞争植物的生长。幼苗长出的第一片嫩叶，对咖啡树日后的生存极为关键。刚抽出的叶片由咖啡因保护得非常周到，叶片汁液中的咖啡因浓度，比一杯意式浓缩咖啡还要高十倍——或许星巴克也该供应发芽的咖啡苗？成熟的咖啡叶也含有咖啡因，但主要集中在叶缘，因为叶缘是昆虫最先大口咬下的地方。

咖啡的家乡在衣索比亚高山地区，但当地煮的第一杯咖啡用的可能
157 不是咖啡的种子，而是用咖啡叶泡成像茶一样的饮料。咖啡和茶如果质量好，彼此不会混淆，但如果质量不好，恐怕大家都会和亚伯拉罕·林肯（Abraham Lincoln）有同感。有次林肯喝到一杯质量有问题的饮料，说了一句名言："如果这是咖啡，请给我茶；如果这是茶，麻烦给我一杯咖啡。"

小果咖啡（*Coffea arabica*，又称阿拉比卡咖啡）为小型常绿灌木，浆果外表呈红色或黄色，状如樱桃，里面有两颗种子。咖啡冲泡原本都是用阿拉比卡，咖啡豆中的咖啡因含量不到1.05%，煮出的咖啡品质极好。[(2)]中果咖啡（*Coffea canephora*）和阿拉比卡咖啡品种相近，原产于西非扎伊尔，价廉，咖啡品质较差。中果咖啡有许多变种，其中种植最广泛的是罗布斯塔（Robusta）咖啡，一位咖啡鉴赏家形容罗布斯塔咖啡是“阿拉比卡咖啡粗野不文、野蛮酸涩的黑心肠表兄”。[(3)]比起阿拉比卡咖啡，罗布斯塔咖啡较能抵抗病虫害，种子内咖啡因含量也较高。

咖啡农栽培咖啡时，会修剪咖啡树，栽培为灌木。咖啡豆成熟速度缓慢，树上总是同时结有花朵和浆果，成熟程度不同。未成熟的咖啡豆里有些化学物质，烘焙时会破坏整批豆子的风味，所以每颗浆果成熟时，必须个别用手摘取；如果用机器一齐采收，就必须从中挑出尚未成熟的浆果。去除果皮和果肉后，将种子晒干或烘干，此时生咖啡豆呈浅绿色，蕴藏着尚待开发的风味。将咖啡豆以约220摄氏度烘焙，会让生咖啡豆的风味分子产生神奇的变化，使香气的化学成分更复杂。

咖啡豆烘焙时就像个小小的压力锅，加热咖啡豆内数千个细胞，直至细胞破裂。细胞所含的水分蒸发时，也让咖啡豆膨大为原本的两倍。碳水化合物分解成单糖，又接着成为焦糖，为咖啡豆染上深浓的棕色 158
调。高温高压也造成其他化学反应，释出八百多种不同的分子，造就了烘焙咖啡豆美妙的香气。咖啡的化学分子组成相当复杂，目前人工制造的咖啡香味仍无法媲美。烘焙过程中的化学反应产生丰富的二氧化碳（每公斤咖啡豆约可产生12升的二氧化碳），有些保留在咖啡豆细胞中，形成后来的泡沫（crema），也就是用意大利浓缩咖啡机煮咖啡时，二氧化碳在压力下从咖啡粉中释放出来，于浓缩咖啡表面形成的一层赭红色泡沫。

烘焙并不会改变咖啡因的化学形式。咖啡因是种生物碱，近乎无色无味，所以无咖啡因咖啡还是一样好喝。咖啡的风味与香气皆来自咖啡油脂，仅占烘焙咖啡豆质量的3%。生咖啡豆可长期存放不变质，但咖啡一经烘焙释出油脂，就很容易氧化和腐败。咖啡完整的香气和风味转瞬即逝，烘焙后必须尽快品尝。冷冻咖啡豆或真空包装能抑制风味流失，不过在咖啡的故乡衣索比亚，传统上咖啡烘焙、研磨以及冲泡都在同一个仪式中完成，喝咖啡的人可以同时品尝完整的味道与香气，两者都不会流失。一场完整的衣索比亚咖啡仪式是种社交活动，最长可持续两个小时。

衣索比亚人约两千年前发现咖啡，从此咖啡因开始影响社会演进，过程如生物演进一般多变曲折，并与咖啡的演化相互交织。咖啡源自衣索比亚，途经阿拉伯世界，传播至欧洲及欧洲在亚洲的殖民地，最后抵达美洲。这一路的经历不再只能由历史角度推测，咖啡的DNA记录了品种的血统变化，追踪血统改变，能重新建构咖啡传播的始末。[(4)]

159 咖啡最早是由衣索比亚传到也门的摩卡（Mocha）港，在也门种植与交易，再传到穆斯林世界。衣索比亚高山种植的咖啡基因多变，如今也门种植的咖啡基因变化很少，表示也门咖啡大概是从为数不多的几株咖啡流传下来的，可能只来自衣索比亚的一两撮咖啡豆。咖啡何时传入也门并不确知，或许是在公元 6 世纪，衣索比亚入侵也门并短暂统治当地时传入。[5] 在也门，苏菲派（Sufi）派的僧侣饮用咖啡，好让自己在半夜祈祷时能保持清醒。来到伊斯兰圣地的朝圣者又把咖啡传播到穆斯林世界，到了 15 世纪末，咖啡已经是贵重的贸易大宗物资。

在阿拉伯的咖啡馆，咖啡与独立思想和政治异议产生联系。1511 年，麦加总督凯尔 – 贝格（Khair-Beg）决定关闭市内的咖啡馆，因为咖啡馆流出许多对他的讽刺诗作。开罗的统治者不久就废除了这道禁令，因为他也是个爱喝咖啡的人。但随着咖啡传播，咖啡煽动反叛意识的名声也在统治者间流传开来。鄂图曼君士坦丁堡统领柯培吕律（Kuprili）对喝咖啡者的迫害最为赫赫有名，凡喝咖啡再犯者就装入皮袋缝起来，抛入博斯普鲁斯海峡。

自从咖啡在 16 世纪进入欧洲，既因为健康的效果广获好评，又因为有害的作用受人抨击。1674 年，英格兰匿名出版了一连串对咖啡的抨击，名为“女性反对咖啡请愿书”（Women's petition against Coffee），文中宣称“男人从未像现在一样这么没有担当，毫无男子气概……从那里来的男人，除了流鼻涕的鼻子没一处是湿的，除了关节没一处是硬的，除了耳朵没一处是站起来的”。文中痛批喝咖啡的人，喝咖啡会让身体缺乏水分，这些攻击其来有自，源自当时某些医学人士，他们害怕咖啡的利尿作用会让嗜饮咖啡的人尿到挂点为止。[6] 160

这份攻击的标题是“一份谦卑的请愿与诉求书，来自数千名健康善良的女性，皆因极度饥渴而憔悴 ……”，但在我看来比较像酒馆里男人的幻想。当时的酒馆主人显然非常担心咖啡馆会让他们的生意做不下去；在请愿书结尾处，匿名作者泄露了真正的动机：“希冀禁止 60 岁以下人士饮用咖啡，促请一般大众饮用精勇啤酒（Lusty Nappy Beer）以及雄鸡啤酒（Cock Ale）。”即使在一个世纪后，普鲁士腓特烈大帝（Frederick the Great）也偏好啤酒胜于咖啡，他认为咖啡会削弱国家的健康和生产力。1777年，他发布敕令，令中书及：“臣民饮用的咖啡数量增加，致使大量金钱流出本国，此现象着实令人反感……朕的子民应该饮用啤酒。”

与上述论调相异的观点我们大概用不着重述了。咖啡为艺术家、科学家及政治家带来许多灵感，也创造大量财富。咖啡不仅像伊西多尔·波登充满诗意的描述一样，拓展了幻觉的疆域，也拓展了自由、文化、商业、理性的疆域，让愿望更为可期。20世纪的数学大师保罗·厄多斯（Paul Erdös）曾说过一句名言：“数学家就是把咖啡转换为定理的装置。”从古至今，还没有一位数学家发表的文章比厄多斯多，真难想象他究竟喝了多少咖啡。贝多芬也喝咖啡，每杯咖啡都用上整整60粒咖啡豆，用量和现在煮一杯意式浓缩咖啡（50到55粒咖啡豆）相当接近。巴赫曾作了一部咖啡清唱剧，为叠句“咖啡滋味多美妙，比千百个吻更诱人，比麝香葡萄酒更柔顺”谱上一曲。（原来好咖啡喝起来是这种滋味，我很少喝到这样的咖啡。）法国小说家巴尔扎克每天喝
161 60杯咖啡（咖啡因含量已经接近致死率了），以维持他惊人的创作量。他说：“咖啡一下肚，腹中一阵骚动。想法开始运行……譬喻闪现，覆满纸卷。咖啡是盟友，写作不再像搏斗。”[7]

威廉·哈维（William Harvey）是17世纪的医生，人体血液循环首先由他发现，无论在科学成就或对咖啡的鉴赏上，哈维都超越同时代的人。哈维于1657年去世，彼时咖啡尚未在英国流行，他将一袋56磅

的咖啡豆遗赠给伦敦医学院的同事，断言道：“这小小的果实是快乐和智慧的泉源！”并请同事每个月一次，聚在一起喝咖啡悼念他，直至咖啡豆用罄。

过去几个世纪喝咖啡的人都宣称咖啡对人有益，现在科学证实了适度饮用咖啡的确有许多好处。腺苷酸（adenosine）是体内常见的调控物质，调控中枢神经系统的功能，而咖啡因可以阻断腺苷酸的活动。[8]神经元放电时腺苷酸就像煞车，如果咖啡因妨碍煞车运作，人体这部机器就会加速运转。腺苷酸在清醒时逐渐累积，最后引发睡眠。[9]咖啡因妨碍腺苷酸执行功能，所以能让人保持清醒。以简明的科学语言来说，检验咖啡因的作用，显示低至中剂量的咖啡因可“增加觉醒、警觉性与动作活动；减少睡眠需求，产生幸福感与精力，促进认知能力”。[10]哈维无疑会为这项结论举杯庆贺。

时值近代，18世纪时，喝咖啡产生重要的社会功能，许多重要商业和科学组织的种子，也是从咖啡馆中萌芽。劳埃德保险社就出自同 162
名的咖啡馆；伦敦证券交易所从交易巷的乔纳森咖啡馆起家；波士顿首次股票公开拍卖就在商人咖啡馆；纽约证交所起自华尔街的唐提咖啡馆；东印度公司（以掠夺行径让印度成为英国皇冠上的宝石）非正式的总部位于伦敦耶路撒冷咖啡馆；英国皇家学院则创立于蒂理亚德咖啡馆。[11]

法国大革命活动便是在巴黎的咖啡馆中策划，而在大西洋的另一端，波士顿的青龙咖啡馆成了美国独立革命的总部。英国保皇党在波士顿有许多聚会地点可选，像是皇冠咖啡馆、国王之首咖啡馆，还有英国咖啡馆——英国战败后，“英国咖啡馆”立刻更名为“美国咖啡馆”。对美国的革命人士而言，相较于课征重税、由英国东印度公司运到波士顿的茶叶，他们宁可选择咖啡。波士顿茶党有一首游行曲的歌词这样写着：

> 游行吧，莫霍克人（Mohawks）——带上你的斧头！
> 告诉国王，他那外国来的茶
> 我们一毛税都不会付！
> 他休想威胁我们，也休想
> 逼我们的女儿和妻子
> 喝他那卑劣的红茶！
> 游行吧各位，加紧脚步
> 到青龙迎接我们的首领！[12]

抵制茶叶运动持续没多久，1800年代初期，东印度公司又重新开张，将茶叶运往美国。商业的力量总是无法压抑太久。确实，商业必须
163 完全控制咖啡的演化。咖啡原本多变的基因，在从衣索比亚高山转往也门时，已经降低了不少，1690年，有人将咖啡从也门挟带到印度尼西亚爪哇，设立了咖啡园，不久咖啡又传播至印度洋上的留尼旺岛（La Reunion），咖啡基因的变化又更少了。一株从爪哇来的咖啡树种植在荷兰阿姆斯特丹的植物园中，这一株咖啡繁衍出世界上所有铁皮卡种咖啡，数量有好几百万。阿拉比卡咖啡另一个主要的品种为来自留尼旺岛的波旁种，波旁种的基因变化不像铁皮卡那样贫乏；不过多数阿拉比卡咖啡园的基因变化都非常少，因此对叶锈病（leaf rust）一类的疾病抵

抗力非常弱，巴西咖啡园的咖啡就在1970年毁于叶锈病。咖啡农的因应之道是种植“阿拉比卡咖啡粗野不文、酸涩野蛮的黑心肠表兄”，也就是中果咖啡，因为中果咖啡较能抵抗病虫害。

咖啡生物演化和文化演化上交织的关系有个奇特的转折，19世纪末，德国人路德维希·罗塞鲁斯（Ludwig Roselius）体悟到没有咖啡因的咖啡应该有市场。罗塞鲁斯的父亲专职品评咖啡，罗塞鲁斯认为父亲早逝要归咎于咖啡因中毒。他发明了一个方法，将咖啡因从生豆中萃取出来，又不会减损咖啡烘焙形成的香味。[13]咖啡市场中约有10%来自无咖啡因咖啡豆。2004年，一位咖啡农发现衣索比亚有株咖啡天生就不含咖啡因，咖啡农想从中栽培出一个新品种。[14]发展至此，咖啡对文化的影响刚好形成一个循环。咖啡种子让我们渴求咖啡的香气、滋味以及陪伴，据此选择、繁殖咖啡树，解除咖啡因分子的武装，然而当初却正是这个分子，促成了咖啡文化的兴起。

演化的路径如何颠倒反复，都浓缩在咖啡的故事里，浓度有如典型的意式浓缩咖啡或土耳其咖啡；[译1]对同一个主题更宽、更广、更深的描述，则藏在种子如何提供我们营养和灵感的故事中。 164

译1：土耳其咖啡将咖啡豆磨得极细，放入壶内加水煮至沸腾；视情况可能多次煮滚，传统上饮用时连咖啡渣一起入口，味极浓烈。

17

营养与灵感：饮馔

事实上，种子不仅为早期人类祖先提供营养，还启发了他们的灵感，165
按照自己的需求塑造大自然。上万年的文明动荡史，便由貌不惊人的休眠
种子展开。[译1]

——哈洛德·马基（Harold McGee），《食物与厨艺》

（*McGee On Food and Cooking*）

种子的知识就像一场飨宴。厌倦了高级大餐？来点燕麦餐吧。了解
种子成分的特性，就能烤出最美味可口的小麦面包和玉米面包，拌出营
养的色拉，煮出最恰到好处的米饭和豆子，明白玉米为什么可以爆成玉
米花，苜蓿如何长成苜蓿芽。种子由演化设计来储存食物，提供幼苗
养分，从而具有各种特质，可作为人类的食物。种子容易保存而不易腐
坏，以淀粉或脂肪储存养分，通常含有很高的蛋白质，且经常受毒素或
驱避物质保护。烹调种子的技术是场伟大的运动，狡猾地将植物留给后 166
代的礼物挪作他用。这可是侵害知识产权的啊。

译1：译文摘自蔡承志译《食物与厨艺》，第277页，台北：大家出版社，2009。

我要特别强调智慧。关于种子的营养价值有许多可笑的说法，其中有一项叫我听了乐不可支：葛拉罕全麦饼干的发明人西维斯特·葛拉罕（Sylvester Graham）宣称，他饼干中的全麦成分有助降低性欲。[(1)] 这种说法还真好笑，不过倒是无伤大雅。让人比较笑不出来的，则是1960年代在北美蔚为风潮的“长寿饮食”，此派饮食的拥护者遵循十步骤的饮食法，逐渐限制饮食，最后一个阶段只能吃盐和糙米，喝花草茶。少数人达到了最后一个阶段，其中有些却死于营养不良。[(2)]

许多饮食法都以全谷类为基础，全谷类的功效集中于谷类的核心。许多医学研究显示，饮食中如包含大量的全谷类食品，可降低心血管疾病的风险。[(3)] 葛拉罕博士要是知道全谷类对心脏有好处，所以更能让人享受鱼水之欢，而非减少性事，一定会很尴尬。如果饮食均衡，多吃些全谷类，例如菰米、玉米、燕麦、大麦、全麦面包等，对身体健康很有帮助。

先来看看燕麦料理吧！根据1755年出版的第一本英文字典的编纂者萨缪尔·约翰逊（Samuel Johnson）博士给燕麦的定义是：“一种谷类，在英格兰多半拿来喂马，但在苏格兰似乎是供人食用。”他还说过一句名言：“苏格兰人最崇高的眼界，就是望着前往英格兰的大道！”由此可见，约翰逊博士的意见不能照单全收，得自己先思考过，就像喝粥之前得先加点盐一样。从实际的角度来看，燕麦（*Avena sativa*）能在西北欧潮湿的气候中生长，种子营养价值高，含有15%的蛋白质和8%
167 的脂肪。苏格兰诗人罗伯特·彭斯说，燕麦粥为“苏格兰粮食之首”。在罗伯特·彭斯的时代，乡下地方较为穷困，迫使许多苏格兰人不得不以稀薄的燕麦粥度日，幸好这样的日子已经过去了。如今我们可以不带穷困与偏见，好好地享受营养美味的燕麦了。

燕麦富含可溶性膳食纤维，对健康有很多好处，可以降低冠状动脉心脏病的风险，以及最常见的糖尿病（第二型糖尿病）。[4]可溶性膳食纤维让燕麦粥滑顺而浓稠，让美食家趋之若骛。燕麦可以让面包松软湿润，让汤品和炖菜口感浓厚，这些特性来自于可吸收水分、不易消化的碳水化合物，称为聚葡萄糖，集中在种皮的下方（称为糊粉层〔aleurone〕），包裹住燕麦种子。聚葡萄糖原本的功能是在种子发芽时吸收、储存水分，而我们从燕麦那里把聚葡萄糖挖角过来，将这种储藏水分的特质运用在食物与烹饪中。

每年在苏格兰因弗内斯的卡布里奇村，都有许多人为了世界粥品制作锦标赛齐聚一堂，要分出高下，争夺冠军的奖品黄金搅粥棍。[5]煮粥其实没有什么秘诀，可以只用燕麦加水，直接以瓦斯炉或微波炉煮，或者加点牛奶让粥更香浓，难就难在要把滋味平凡的燕麦煮出特殊风味。肥鸭（Fat Duck）餐厅的老板兼主厨赫斯顿·布鲁门萨尔发明了蜗牛粥，成为肥鸭这家米其林三星、2005年世界最佳餐厅的招牌菜。[6]蜗牛粥完整的食谱可以在网络上找到，不过基本上就是用燕麦取代蜗牛炖饭里的米饭。[7]蜗牛粥的食材就是过去用来烹调蜗牛的食材，有蒜香奶油，加上蘑菇、红葱、第戎黄芥末、杏仁碎粒、帕玛火腿以及欧芹， 168
先搅到粥里，再把煮熟的蜗牛切碎拌入，或是和刨成丝的帕玛火腿一起放在粥上，撒上茴香薄片，淋上醋和胡桃油。毫无疑问，约翰逊博士对这盅蜗牛粥一定又会语出惊人；不过我尝过这道蜗牛粥，觉得可以赢得好几支黄金搅粥棍。

虽然种子演化为幼年植物提供养分，是动物（包括人类）良好的食物来源，但很少植物能满足所有膳食需求。要让种子发挥最大的功效，饮食中必须包含各种种子。饮食中只有玉米或豆类并不够，但结合两者，就能相辅相成，提供更完整的养分。数千年来在首先驯化玉米和豆类的中美洲，这两类种子孕育其文化，并使其维持不坠。

小麦、稻米和玉米等谷类中包含全部八种必需氨基酸，但其中赖氨酸（lysine）和苏氨酸（threonine）的含量较低，无法满足人类的饮食需求。豆类，如大豆、豌豆和小扁豆则含有足够的赖氨酸和苏氨酸，但较缺乏另外两种氨基酸：半胱氨酸（cysteine）和甲硫氨酸（methionine）。因此，谷类和豆类能互补所需，提供彼此缺乏的氨基酸，让饮食或餐饮均衡。许多传统美食都结合了不同的谷物和豆类，让很少吃肉或吃不起肉的穷人也能营养均衡，例如，墨西哥结合了豆类和玉米饼，加勒比海地区结合米饭与豌豆，中东结合豆泥（hummus，由鹰嘴豆和芝麻制成）和皮塔口袋饼（pita bread）[译2]，印度结合豆菜（dal，由小扁豆制成）[译3]和米饭，北非结合鹰嘴豆和库斯库斯（couscous，由小麦制成），中国和日本则结合米饭和豆腐。

然而，我们必须谨慎推论，不能因为某些食物在一个文化中符合人民的营养需求，就贸然假设它在另一个文化中也一定符合。素食人士因为不吃肉，经常缺乏维生素 B_{12}，导致严重的健康问题。1970 年代中期
169 发现，正统的印度教徒在家乡吃素时身体很健康，但到了英国维持相同

译 2：以玉米和小麦制成。

译 3：也有用蚕豆或豌豆制成。

译 4：患者皮肤苍白、全身无力、易疲劳、心悸和呼吸短促，血红素浓度和红血球数偏低。

饮食一段时间后，却常发生巨球型贫血症（megaloblastic anemia）[译4]，经追查病因为缺乏维生素B_{12}。在印度没有这种问题，因为昆虫污染了粮食，但英国的食品未受污染，因此缺乏从动物得来的维生素B_{12}。[8] 事实上，无论动物或植物都无法制造维生素，所有动物都是直接或间接从细菌得到这种必需的维生素，细菌是唯一能制造维生素B_{12}的生物。

虽然种子的养分足以滋养幼年植物，却很少能满足动物的完整需求，这是因为植物在养分制造上比动物更自给自足，只要有一开始基本的材料，还有种子或阳光提供的能源，就能组成所有需要的复杂分子，包括用来制造蛋白质的 20 种氨基酸。即使来自母株的基本材料少了什么，幼苗都可以自己制造。相较之下，我们人类只能自己制造 20 种必需氨基酸中的 12 种，而制造这 12 种氨基酸需要的 8 种氨基酸，人类的细胞又无法自己制造，所以我们必须从食物中取得这 8 种必需氨基酸。几乎所有肉类都有这 8 种氨基酸，但有一种种子包含了全部的 8 种氨基酸。这个种子叫做藜麦（*Chenopodium quinoa*），和菠菜同属苋科植物。

7000 年前起藜麦就在安第斯山脉栽培，成为印加人的主食。这种完美的食物必须抵御动物啃食，所以许多品种的藜麦种子外皮含有苦味化合物，这应该不叫人意外。在水中淘洗藜麦即可去除这些化合物，然后就可以像常见的稻米一样烹煮，煎炒后加入色拉或汤，或是烘烤成小巧的藜麦爆米花。

经由演化，食物的养分与味道紧密连接，甚至在生理和心理上形 170
塑我们的味觉。人类的舌头上有五种类型的味觉受体，告诉我们食物是可以吃还是有毒。酸味与苦味和腐烂或有毒的食物有关，分别由两种受体侦测；而咸味、甜味和鲜味表示食物很营养，也分别由不同受体侦测。鲜味是某些氨基酸带有的肉味，表示食品中含有蛋白质，谷氨酸钠（味精）能强烈刺激鲜味受体，可用来增强风味。大豆发酵自然会产生谷氨酸钠，味噌和酱油都是由大豆发酵制成，是中国菜和日本菜的调味品。但是，除了会刺激舌头上特定受体的五种基本味道外，风味还受更多的因素影响。

味觉是一种复杂的调和物，在大脑中结合了各种感官输入而形成。正如人体视网膜上三种色彩受体让我们分辨成千上万的颜色，我们的味觉可以品尝许多味道，远不止咸、酸、甜、苦以及鲜味五种。此外，鼻子还有数百个不同的受体可以侦测气味。如果你曾经感冒鼻塞，觉得食物尝起来和平常不同、滋味平淡，一定已经了解嗅觉对品尝味道有多重要。你可以做个实验，在品尝食物时把鼻子捏住。如果鼻孔没有气流通过，鼻子内侧上半部感测气味的细胞就无法捕捉口中食物的香气。但是，即使捏住鼻子，你应该还是能尝到咸味，因为咸味会刺激舌上五个受体之一。捏住鼻子大概也能尝到另外四种基本味道，然而其余像是香草之类的味道，就无法察觉了。

食物的颜色、在口中的感觉、甚至咀嚼发出的声音，都会影响它尝起来的味道。口感对于吃巧克力产生的快感又特别重要。制造巧克力用
171 的脂肪（可可脂）来自可可豆，让我们能享受巧克力天鹅绒般的质地。
这种口感对渴求巧克力的可可狂来说，可能比可可碱（theobromine，一种生物碱，咖啡因也是生物碱）的药理作用还重要。有一个简单的测试方法：喝的巧克力或可可粉中包含巧克力棒所有的药理成分和糖分，但没有可可脂。如果你很想吃巧克力，试试看喝一杯巧克力能不能满

足你。你也可以试试看白巧克力，白巧克力里有糖和可可脂，但没有一般巧克力的药理成分。实验发现，白巧克力比喝的巧克力更能满足可可瘾，但棕色巧克力得分最高。[9]

我们对世界的感知来自大脑对各种受体输入的解释，因此操纵受体就能创造幻觉。例如，西非有种浆果树叫做神秘果（*Synsepalum dulcificum*），含有某种蛋白质，会干扰舌上的味觉受体，让酸的食物尝起来是甜的。[10] 1970 年代曾有大型的研究计划，企图利用神秘果开发出人造的低热量甜味剂，但最后失败了，因为改变味道的蛋白质并不稳定，只有新鲜的浆果有效。或许神秘果可以欺骗鸟类，让它们误以为自己吃的是香甜、营养丰富的水果，然后把神秘果的种子带走，而果树却不必像平常一样制造昂贵的糖，作为散播的代价。其实，舌头上的甜味受体很容易上当。人工甜味剂阿斯巴甜（aspartame）和糖精（saccharin）可以骗过它，甚至加点盐到菠萝上也可以让味道更甜。

奥地利和匈牙利有种特产是南瓜籽油，可作为色拉酱，其独特的 172
光学性质能产生极罕见的食物视觉幻象。这种油装在瓶子里呈鲜红色，倒在碟子里或和优格拌在一起又成为翠绿色，但这只是一种幻觉，油品并未发生任何化学变化。油品变色的秘密藏在人眼的视网膜中，还有南瓜籽油特殊的光谱性质。第九章曾提到，颜色的感知取决于三个受体，一个对短波长（蓝色）最为敏感，一个对中间波长（绿色）最敏感，一个对长波长（红色）最敏感。南瓜籽油的光谱有一个窄小的窗口让绿光通过，还有一个宽阔的窗口让红光通过。薄薄的一层南瓜籽油恰好能让足够的绿光通过，使绿光受体反应比红光受体强；但如果油层厚于 0.7 毫米，通过的绿光相对较少，红光受体的反应比较强烈。油层如果恰好为 0.7 毫米，通过的光让绿光与红光受体受到同样的刺激，南瓜籽油便呈现黄色。[11]

人类大脑对气味就是喜新厌旧，气味第一次出现时引发大脑强烈的反应，但多数气味很快就不再受到注意。即使气味分子的实际浓度并未改变，我们却闻不到这股气味了。大多数人可能注意过这种现象，但多少人想过背后的原因？新的气味对大脑发送警讯，好让我们以适当的方式反应，但如果我们不采取行动，不改变接触气味的方式，大脑就会认为气味蕴藏的讯息是多余的，因此会忽略气味。从生存的角度来看这十分有道理，因为这样我们才能对新的威胁或机会保持警觉，而不会因为周遭环境无关紧要的细节分散了注意力。

然而，对厨师来说，如果味觉和气味受体这么容易疲乏，想要抓住客
人的味蕾，就像要训练一组浑身松弛无力的老年人去打职棒大联盟。有个
解决方法是先把食物包裹起来，让浓厚的风味猛然出击，让滋味在唇齿
173 间迸发，并且持续骚扰冥顽不灵的嗅觉系统。肥鸭餐厅的主厨赫斯顿·布
鲁门萨尔便用小块的果冻先将食物滋味封住。饼干里的巧克力，蛋糕里的
水果干，还有面包里的整粒谷物，都用了相同的原则，要给味蕾一个刺激。

种子天生就能将蕴藏的风味保存起来，但多半需要烘烤，才能展现潜藏的美味。正如第十六章所提到的，烘焙可以大量增加咖啡豆的风味化合物，产生美妙无比的香气，同样也能从小茴香和芫荽等香料，以及花生、葵花籽、南瓜籽、栗子、杏仁等种子中，激发出香气和风味。烘焙对种子产生的物理作用，让细胞破裂，芳香油逸出，高温也造成一连串的化学转换，两股作用使种子释放味道及香气。化学转换作用中，最重要的是美拉德反应（Maillard reaction），过程中糖分和氨基酸

反应，产生丰富的芳香成分。各式各样美拉德反应产生特殊的分子，造就独特的烤面包香味、烤花生的坚果香味、爆米花香味，以及炸薯条等其他厨房美食的香味，也造成肉类和其他烘烤食物的褐变。美拉德反应的化学性质由法国化学家路易斯·卡米拉·美拉德（Louis Camille Maillard）于1912年发表。美拉德的论文包含标题只有短短77行，文中介绍了糖分和氨基酸之间的反应机制、实验使用的方法、研究结果的意义，包括其对糖尿病症状的可能影响，此影响如今已确认无疑。可惜的是，美拉德的发现超前时代太多，成果备受忽视达二十多载。美拉德第一次世界大战时在疾病控制中心工作染上伤寒，因此严重残废。174
但每发现一个美拉德反应的新例证，他的名字便依旧如香气般再次缭绕。[12]

烘烤种子不仅可以改变风味，还可以彻底改变口感质地。1842年冬季，居住在新英格兰乡间的梭罗，身为植物学家、哲学家、诗人，同时也是种子强韧力量的信徒，在日记中记下："今夜爆玉米花；在甚于七月的高温下，种子迅速一朵朵地迸开，如花盛放。弹出的玉米是完美的冬季之花，令人联想到海葵和荠菜花[译5]……谷类的花朵在我温暖的火炉边怒放；此处是它们生长的堤岸。"[13]

谷类的花朵可能比梭罗所想的含义更深远；考古证据显示，在火堆余烬中爆开玉米粒，可能是墨西哥烹调玉米最早的方法。令人惊讶的是，一些从遗址中挖出的玉米粒，尽管过了数千年，仍然可以爆出玉米

译5：荠菜花（*Houstonia caerulea*）大小约一公分，有四片浅蓝色的花瓣，中央为黄色，花开时极盛，生长在潮湿有遮阴的地方。

花。最早的爆米花是人类历史上最值得纪念的原动力——新世界农业最初的勃发。[14]

许多谷物都可以膨化或爆开，但将胚乳爆成米花的冠军，还是非爆粒种玉蜀黍（*Zea mays everta*）莫属。这种玉米粒又小又硬，裹在纤维素形成的紧身衣里，将种子外的热量有效率地传到种子这个小小的压力锅里。玉米粒内部受热升温，水分蒸发，胚乳软化，里面的压力逐渐累积，比大气压力高出七倍，然后紧身衣爆开。压力突然释放使得软化的胚乳爆炸，膨了起来，冷却后变硬。如果你想用锅子爆玉米花，记得锅盖不要盖紧，否则使胚乳爆炸的压力差就会不足，爆米花就会又硬又
175 韧，而非轻软蓬松。

在本书各章，我们邂逅了各种例子，看到进化如何为旧器官找到新用途，并且不停改造某个生物的策略，裨益另一个生物。科学真的可以比小说还离奇。输送精子到新娘花床与胚珠幽会的花粉管，演化自寄生精子用以吸取未受精胚珠养分的吸管，这岂不是歌德式罗曼史小说的情节？感染麦角菌的黑麦将圣餐的面包化为血红，满足塞勒姆镇猎杀女巫者病态的想象，这又是如何奇诡的命运转折？也许，古希腊剧作家埃斯库罗斯看到悲惨的柏树在撒哈拉踏上演化灭绝的道路，会从中认出宙斯的复仇？想必是因为柏树的花粉篡夺了种子与生俱来的基因权利，才招致神的审判。

不过其余的作弊行为却相当成功，像擅闯私地的昆虫利用错综复杂的王兰与无花果的花粉系统搭了便车，或转位子自私地在玉米和人类的基因组中大量增殖。还有橡实与松鼠间争夺萌芽的主权，以及酵母用酒精对发酵的大麦种子下毒，拒绝让其他微生物共享养分，而几

千年来我们又改造了酵母菌的这种策略以满足自己。烹饪也是种对演化的改造；在盘中为种子迷人的演化之旅保留一个位置，你就能品尝到种子更丰富的滋味。

注释与延伸阅读

1 看不见的果园：种子

注释

1 B. E. Juniper and D. J. Mabberley, The Story of the Apple (Portland: Timber Press, 2006) , 139.

2 H. D. Thoreau, Faith in a Seed (Washington, DC: Island Press, 1993) .

3 http://en.wikiquote.org/wiki/Laozi (存取日期：2007 年 2 月 18 日)。

延伸阅读

R. Kessler 和 W. Stuppy 的 Seeds: Time Capsules of Life (London: Papadakis, 2006) 其实是本科学作品，外观倒像本华丽的精装书，每一页都有种子的彩色图片，美丽得令人赞叹。如果对种子的科学知识有疑问，先到图书馆找这本入门书：The Encyclopedia of Seeds: Science, Technology, and Uses, ed. M. Black, J. Bewley, and P. Halmer (Cambridge, MA: CABI, 2006)；书中对种子这个主题有详尽的介绍，不过就我来看，此书对种子在演化方面的讨论稍嫌不足。

2 万物伊始：演化

注释

1 E. H. Corner, The Life of Plants (Chicago: University of Chicago Press, 1964) , 161.

2 K. J. Willis and J. C. McElwain, The Evolution of Plants (Oxford: Oxford University Press, 2002) .

3 E. H. Corner, The Life of Plants (Chicago: University of Chicago Press, 1964) , 104.

4 选自 “Botany” by Berton Braley, Plant Physiology Information Website, http://plantphys.info/botany.poem.html (存取日期：2007 年 3 月 8 日)。

5 R. C. Moran, A Natural History of Ferns (Portland, OR: Timber Press, 2004) .

6 莎士比亚《亨利四世》，第二幕，第一景。修改自：《莎士比亚全集》，朱生豪译，北京：人民文学出版社，1994。

7 E. Ernst, “Is Homeopathy a Clinically Valuable Approach?” , Trends in Pharmacological Sciences 26 (2005) : 547 - 548.

8 http://www.xs4all.nl/~kwanten/hiroshima.htm (存取日期：2007 年 3 月 2 日)。

9 Y. Nakao, K. Kawase, S. Shiozaki, T. Ogata, and S. Horiuchi, "The Growth of Pollen and Female Reproductive Organs of Ginkgo between Pollination and Fertilization," Journal of the Japanese Society for Horticultural Science 70 (2001): 21 - 27.

10 W. E. Friedman, "Organismal Duplication, Inclusive Fitness Theory, and Altruism—Understanding the Evolution of Endosperm and the Angiosperm Reproductive Syndrome," Proceedings of the National Academy of Sciences of the United States of America 92 (1995): 3913 - 3917.

11 W. E. Friedman, "Comparative Embryology of Basal Angiosperms," Current Opinion in Plant Biology 4 (1999) :14 - 20.

12 R. Dawkins, The Selfish Gene (Oxford: Oxford University Press, 1976).

13 C. Darwin, The Origin of Species by Means of Natural Selection (London: John Murray, 1859), chap. 7.

14 J. E. Strassmann and D. C. Queller, "Insect Societies as Divided Organisms: The Complexities of Purpose and Cross-Purpose," Proceedings of the National Academy of Sciences of the United States of America 104 (2007): 8619 - 8626.

15 D. Haig and M. Westoby, "Parent-Specific Gene-expression and the Triploid Endosperm," American Naturalist 134 (1989): 147 - 155.

16 J. A. Stewart-Cox, N. F. Britton, and M. Mogie, "Endosperm Triploidy Has a Selective Advantage during Ongoing Parental Conflict by Imprinting," Proceedings of the Royal Society of London Series B-Biological Sciences 271 (2004): 1737 - 1743.

17 B.-Y. Lin, "Association of Endosperm Reduction with Parental Imprinting in Maize," Genetics 100 (1982): 475 - 486.

18 M. Gehring, Y. Choi, and R.L. Fischer, "Imprinting and Seed Development," Plant Cell 16 (2004): S203 - 213.

延伸阅读

我推荐以下两本书，不过很可惜这两本书都不是为一般读者而写的：K. J. Willis 与 J. C. McElwain 的 The Evolution of Plants (Oxford: Oxford University Press, 2002)，以及 K. J. Niklas 的 The Evolutionary Biology of Plants (Chicago: University of Chicago Press, 1997)。

3 连小豆子也做：性

注释

1 M. A. Ramesh, S.-B. Malik, and J. M. Logsdon Jr., "A Phylogenomic Inventory of Meiotic Genes: Evidence for Sex in Giardia and an Early Eukaryotic Origin of Meiosis," Current Biology 15 (2005): 185 - 191; J. P. Xu, "The Prevalence and Evolution of Sex in Microorganisms," Genome 47 (2004): 775 - 780.

2 M. Negbi, "Male and Female in Theophrastus's Botanical Works," Journal of the History of Biology 28 (1995) : 317 - 332.

3 A. Bristow, The Sex Life of Plants (New York: Holt, Reinhart and Winston, 1978) .

4 S. W. Graham and S. C. H. Barrett, "Phylogenetic Reconstruction of the Evolution of Stylar Polymorphisms in Narcissus (Amaryllidaceae) ," American Journal of Botany 91 (2004) : 1007 - 1021.

5 引自 K. F. Kiple and K. C. Ornelas, eds., The Cambridge World History of Food (Cambridge: University of Cambridge Press, 2000) , 2:1530。

6 "Review: The Anatomy of Plants: With an Idea of a Philosophical History of Plants; and Several Other Lectures, Read before the Royal Society by Nehemiah Grew M. D. Fellow of the Royal Society, and of the College of Physitians by Nehemiah Grew," Philosophical Transactions of the Royal Society 13 (1683) : 303 - 310.

7 Logan, "Some Experiments concerning the Impregnation of the Seeds of Plants," Philosophical Transactions of the Royal Society 39 (1735) : 192 - 195.

8 引自 N. Gourlie, The Prince of Botanists: Carl Linnaeus (London: H. F. and G. Witherby, 1953) , 28。

9 引自 N. Gourlie, The Prince of Botanists: Carl Linnaeus (London: H. F. and G. Witherby, 1953) , 30 - 31。

10 J. Farley, Gametes and Spores: Ideas about Sexual Reproduction 1750—1914 (Baltimore: Johns Hopkins University Press, 1982) .

11 L. L. Woodruff, "The Versatile Sir John Hill, M.D.," American Naturalist 60 (1926) : 417 - 422.

12 C. Emery, "'Sir' John Hill versus the Royal Society," Isis 13 (1942) : 16-20.

13 F. Abdoun and M. Beddiaf,Cupressus dupreziana A. Camus: "Distribution, Decline and Regeneration on the Tassili n' Aijer, Central Sahara," Comptes Rendus Biologies 325 (2002) : 617 - 627.

14 C. Pichot, M. El Maataoui, S. Raddi, and P.Raddi, "Surrogate Mother for Endangered Cupressus," Nature 412 (2001) : 39.

15 M. El Maataoui, and C. Pichot, "Microsporogenesis in the Endangered Species Cupressus dupreziana A. Camus: Evidence for Meiotic Defects Yielding Unreduced and Abortive Pollen," Planta 213 (2001) : 543 - 549.

16 M. J. McKone and S. L. Halpern, "The Evolution of Androgenesis," American Naturalist 161 (2003) : 641 - 656.

17 莎士比亚《第十二夜》，第二幕，第四景。朱生豪译，台北：世界书局，1996，第 70 页。

18 H. Nybom, "Biometry and DNA Fingerprinting Detect Limited Genetic Differentiation among Populations of the Apomictic Blackberry Rubus nessensis (Rosaceae) ," Nordic Journal of Botany 18 (1998) : 323 - 333.

19 J. Silvertown, "The Evolutionary Maintenance of Sex: Evidence from the Ecological Distribution of Asexual Reproduction in Clonal Plants," International Journal of Plant

Sciences 169 (2008) : 157 - 168.
20 M. L. Hollingsworth and J.P. Bailey, "Evidence for Massive Clonal Growth in the Invasive Weed Fallopia aponica (Japanese Knotweed) ," Botanical Journal of the Linnean Society 133 (2000) : 463 - 472.
21 T. H. Morgan, Heredity and Sex (New York: Columbia University Press, 1913) , 13 - 14.
22 G. Martin, S. P. Otto, and T. Lenormand, "Selection for Recombination in Structured Populations," Genetics 172 (2006) : 593 - 609.
23 L. Gil, P. Fuentes-Utrilla, A. Soto, M. T. Cervera, and C. Collada, "English Elm Is a 2,000-year-old Roman Clone," Nature (2004) : 431, 1053.
24 J. de Visser and S. F. Elena, "The Evolution of Sex: Empirical Insights into the Roles of Epistasis and Drift," Nature Reviews Genetics 8 (2007) : 139 - 149.
25 M. E. Dorken, K. J. Neville, and C. G. Eckert, "Evolutionary Vestigialization of Sex in a Clonal Plant: Selection versus Neutral Mutation in Geographically Peripheral Populations," Proceedings of the Royal Society of London Series B-Biological Sciences 271 (2004) : 2375 - 2380.

延伸阅读

只有少数几本科普书探讨性何以存在这个基本问题，我推荐Mark Ridley的Mendel' s Demon (London: Phoenix, 2000)。想当然花朵受到的关注比较多，像是这本：Peter Bernhardt, The Rose' s Kiss: A Natural History of Flowers (Chicago: University of Chicago Press, 2002)。

4 种子之前：授粉

注释

1 《海军协定》，选自A. Conan Doyle, The Complete Sherlock Holmes Short Stories (London: John Murray, 1928)。另请见R. Milner, "Mystery of the Red Rose," Natural History 108 (1999) : 36 - 39。
2 C. Darwin, The Effects of Cross and Self-fertilization in the Vegetable Kingdom (London: John Murray, 1876) , chap. 1.
3 C. Darwin, The Various Contrivances by Which Orchids Are Fertilized by Insects, 2nd ed. (London: John Murray, 1877), 162 - 163.
4 L. T. Wasserthal, "The Pollinators of the Malagasy Star Orchids Angraecum sesquipedale, A. sororium, and A. compactum and the Evolution of Extremely Long Spurs by Pollinator Shift," Botanica Acta 110 (1997) : 343 - 359.
5 D. Kohn, "The Miraculous Season," Natural History 114 (2005) : 38 - 40.
6 F. Darwin, ed., Life of Charles Darwin (London: John Murray, 1902) , 300.

7 C. Darwin, The Effects of Cross and Self-fertilization in the Vegetable Kingdom (London: John Murray, 1876).
8 B. C. Husband and D. W. Schemske, "Evolution of the Magnitude and Timing of Inbreeding Depression in Plants," Evolution 50 (1996): 54 - 70.
9 E. Healey, Emma Darwin: The Inspirational Wife of a Genius (London: Headline, 2001).
10 R. Keynes, Annie' s Box (London: Fourth Estate, 2001), 208.
11 J. Moore, "Darwin Doubted His Own Family' s 'Fitness'," Natural History 114 (2005): 45 - 46.
12 达尔文书信在线数据库，第 9395 封信，1874 年 4 月 7 日由达尔文写给胡克。http://darwin.lib.cam.ac.uk/ perl/nav?pclass=calent;pkey=9395（存取日期：2007 年 3 月 25 日）。
13 O. Pellmyr, "Yuccas, Yucca Moths, and Coevolution: A Review," Annals of the Missouri Botanical Garden 90 (2003): 35 - 55.
14 O. Pellmyr, M. Balcazar-Lara, D. M. Althoff, K. A. Segraves, and J. Leebens-Mack, "Phylogeny and Life History Evolution of Prodoxus Yucca Moths (Lepidoptera: Prodoxidae)," Systematic Entomology 31 (2006): 1 - 20.
15 S. L. Datwyler and G. D. Weiblen, "On the Origin of the Fig: Phylogenetic Relationships of Moraceae from ndhF Sequences," American Journal of Botany 91 (2004): 767 - 777.
16 N. Ronsted, G. D. Weiblen, J. M. Cook, N. Salamin, C. A. Machado, and V. Savolainen, "60 Million Years of Co-divergence in the Fig-Wasp Symbiosis," Proceedings of the Royal Society B-Biological Sciences 272 (2005): 2593 - 2599.
17 M. Proctor and P. Yeo, The Pollination of Flowers (London: Collins, 1973).
18 J. D. Nason, E. A. Herre, and J. L. Hamrick, "The Breeding Structure of a Tropical Keystone Plant Resource," Nature 391 (1998): 685 - 687.

延伸阅读

M. Proctor, P. Yeo 与 A. Lack 的 The Natural History of Pollination (London: Collins, 1996) 一书对授粉有广泛、易读且详尽的讨论。David Kohn 发表于 Natural History 114 (2005): 38 - 40 的短文"那奇妙的季节"(The Miraculous Season) 则非常有趣，探讨达尔文在发表《物种起源》后的那个春夏，如何躲避他惹出的轩然大波，静静地研究花朵，为日后植物学革命奠定基础。

5 各按其类：遗传

注释

1 H. Iltis, Life of Mendel (London: Allen and Unwin, 1932), 107.
2 R. M. Henig, A Monk and Two Peas (London: Weidenfeld and Nicholson,2000).
3 N. C. Comfort, The Tangled Field: Barbara McClintock' s Search for the Patterns of

Genetic Control (Cambridge, MA: Harvard University Press, 2003) .
4 A. H. Schulman and R. Kalendar, “A Movable Feast: Diverse Retrotransposons and Their Contribution to Barley Genome Dynamics,” Cytogenetic and Genome Research 110 (2005) : 598 - 605.

延伸阅读

最近有一本门德尔的传记讨论他研究的余波，读来很轻松，是 R. M. Henig 的 A Monk and Two Peas (London: Weidenfeld and Nicholson, 2000)。芭芭拉 · 麦克林托克对玉米的研究要深刻理解并不容易，可以试试 R. N. Jones 的 “McClintock’ s Controlling Elements: The Full Story,” Cytogenetic and Genome Research 109 (2005) : 90 - 103，描述清楚，读来不会太费力。J. D. Ackerman 的 Chance in the House of Fate: A Natural History of Heredity (London: Bloomsbury, 2001) 则是本有趣的基因科普书。

6 玫瑰，汝病了！——天敌

注释

1 T. I. Williams, Drugs from Plants (London: Sigma Books, 1947) .
2 K. F. Kiple and K. C. Ornelas, eds., The Cambridge World History of Food(Cambridge: Cambridge University Press, 2000) , 151.
3 M. K. Matossian, Poisons of the Past: Molds, Epidemics, and History (New Haven: Yale University Press, 1989) .
4 M. K. Mattossian, Poisons of the Past: Molds, Epidemics, and History (New Haven: Yale University Press, 1989) .
5 J. K. Pataky and M. A. Chandler, “Production of Huitlacoche, Ustilago maydis: Timing Inoculation and Controlling Pollination,” Mycologia 95 (2003) : 1261 - 1270.
6 C. L. Schardl, A. Leuchtmann, and M. J. Spiering, “Symbioses of Grasses with Seedborne Fungal Endophytes,” Annual Review of Plant Biology 55 (2004) : 315 - 340.
7 莎士比亚《麦克白》，第四幕，第一景，14-15 行。修改自中文版《麦克白》，朱生豪译，台北：世界书局，第 108 页。
8 B. Spooner and P. Roberts, Fungi, 1st ed. (London: Harper Collins, 2005) .
9 S. Chiwocha, G. Rouault, S. Abrams, and P. von Aderkas, “Parasitism of Seed of Douglas Fir (Pseudotsuga menziesii) by the Seed Chalcid, Megastigmus spermotrophus, and Its Influence on Seed Hormone Physiology,” Sexual Plant Reproduction 20 (2007) : 19 - 25.
10 C. W. Benkman, T. L. Parchman, A. Favis, and A. M. Siepielski, “Reciprocal Selection Causes Coevolutionary Arms Race Between Crossbills and Lodgepole Pine,” American Naturalist 162 (2003) : 182 - 194.

延伸阅读

M. K. Matossian, Poisons of the Past: Molds, Epidemics, and History (New Haven: Yale University Press, 1989) 是本很有趣的书，讨论麦角菌中毒如何影响历史。D. Ingram 与 N. Robertson 的 Plant Disease (London: Harper Collins, 1999) 则讨论一般的植病。

7 最大的椰子：大小

注释

1 选自 Flora Poetica, ed. Sarah Maguire, The Chatto Book of Botanical Verse (London: Chatto & Windus, 2001) , 205.

2 P. J. Edwards, J. Kollmann, and K. Fleischmann, “Life History Evolution in Lodoicea maldivica (Arecaceae) ,” Nordic Journal of Botany 22 (2002) : 227 - 237.

3 A. T. Moles et al., “Factors That Shape Seed Mass Evolution,” Proceedings of the National Academy of Sciences of the United States of America 102 (2005) : 10540 - 10544.

4 A. T. Moles et al., “A Brief History of Seed Size,” Science 307 (2005) : 576 - 580.

延伸阅读

R. Kessler 和 W. Stuppy 的 Seeds: Time Capsules of Life (London: Papadakis, 2006) 是本和大 (小) 种子有关的大本精装书，还有种子的艺术摄影。

8 一万颗橡实：数量

注释

1 M. A. Steele, L. Z. HadjChikh, and J. Hazeltine, “Caching and Feeding Decisions by Sciurus carolinensis: Responses to Weevil-infested Acorns,” Journal of Mammalogy 77 (1996) , 305 - 314.

2 A. B. McEuen and M. A. Steele, “Atypical Acorns Appear to Allow Seed Escape after Apical Notching by Squirrels,” American Midland Naturalist 154 (2005) : 450 - 458.

3 W. B. Logan, Oak: The Frame of Civilization (New York: W. W. Norton, 2005) .

4 W. B. Logan, Oak: The Frame of Civilization (New York: W. W. Norton, 2005) .

5 C. G. Jones, R. S. Ostfeld, M. P. Richard, E. M. Schauber, and J. O. Wolff, “Chain Reactions Linking Acorns to Gypsy Moth Outbreaks and Lyme Disease risk,” Science 279 (1998) : 1023 - 1026.

6 U.S. Forest Service Website on the gypsy moth problem, http://www.fs.fed.us/ne/morgantown/ 4557/gmoth/.
7 伏尔泰《老实人》。
8 D. R. Foster, "Thoreau's Country: A Historical-ecological Perspective on Conservation in the New England Landscape," Journal of Biogeography 29 (2002): 1537 - 1555.
9 Dr. Allen Steere, quoted in J. A. Edley, Bull's Eye: Unravelling the Medical Mystery of Lyme Disease, 2nd ed. (New Haven: Yale University Press, 2004), 40.
10 D. R. Foster, G. Motzkin, D. Bernardos, and J. Cardoza, "Wildlife Dynamics in the Changing New England Landscape," Journal of Biogeography 29 (2002): 1337 - 1357.
11 W. D. Koenig and J. M. H. Knops, "Scale of Mast-seeding and Treering Growth," Nature 396 (1998): 225 - 226.
12 W. D. Koenig and J. M. H. Knops, "Seed-crop Size and Eruptions of North American Boreal Seedeating Birds," Journal of Animal Ecology 70 (2001): 609 - 620.
13 J. Silvertown, "The Evolutionary Ecology of Mast Seeding in Trees," Biological Journal of the Linnean Society 14 (1980): 235 - 250.
14 P. S. Ashton, T. J. Givnish, and S. Appanah, "Staggered Flowering in the Dipterocarpaceae: New Insights into Floral Induction and the Evolution of Mast Fruiting in the Aseasonal Tropics," American Naturalist 132 (1998): 44 - 66.
15 W. D. Koenig and J. M. H. Knops, "Patterns of Annual Seed Production by Northern Hemisphere Trees: A Global Perspective," American Naturalist 155 (2000): 59 - 69.
16 M. Harris and C. S. Chung, "Masting Enhancement Makes Pecan Nut Casebearer Pecans Ally Against Pecan Weevil," Journal of Economic Entomology 91 (1998): 1005 - 1010.
17 J. Silvertown, "The Evolutionary Ecology of Mast Seeding in Trees," Biological *Journal* of the Linnean Society 14 (1980): 235 - 250.
18 F. Rosengarten Jr., The Book of Edible Nuts (Mineola, NY: Dover Publications, 2004).

延伸阅读

栎树可以产多少橡实，以及北美原住民如何实用橡实，在 William Bryant Logan 的 Oak: The Frame of Civilization (New York: Norton, 2005) 有详细描述。北美栗树产的果实极多，一度甚至可以撑起整个农村的经济，可惜如今多毁于栗枝枯病。Susan Freinkel 在 American Chestnut (Berkeley: University of California Press, 2007) 有精彩的描述。Jonathan Edlow 在 Bull's Eye: Unravelling the Medical Mystery of Lyme Disease, 2nd ed. (New Haven: Yale University Press, 2004) 中，以亲切可读的文字揭开莱姆病神秘的面纱。

9 甜美的葡萄串：果实

注释

1 J. Silvertown, Demons in Eden: The Paradox of Plant Diversity (Chicago: University of Chicago Press, 2005) .

2 W. D. Hamilton and R. M. May, “Dispersal in Stable Habitats,” Nature 269 (1977) : 578 - 581.

3 D. G. Wenny, “Advantages of Seed Dispersal: A Re-evaluation of Directed Dispersal,” Evolutionary Ecology Research 3 (2001) : 51 - 74.

4 B. Snow and D. Snow, Birds and Berries: A Study of an Ecological Interaction (Calton, UK: T. and A. D. Poyser,1988) .

5 D. G. Wenny, “Advantages of Seed Dispersal: A Re-evaluation of Directed Dispersal,” Evolutionary Ecology Research 3 (2001) : 51 - 74.

6 B. H. Tiffney, “Vertebrate Dispersal of Seed Plants Through Time,” Annual Review of Ecology Evolution and Systematics 35 (2004) : 1 - 29.

7 T. L. Dawson, “Colour and Colour Vision of Creatures Great and Small,” Coloration Technology 122 (2006) : 61 - 73.

8 M. J. Morgan, A. Adam, and J. D. Mollon, “Dichromates Detect Color-camouflaged Objects That Are Not Detected by Trichromates,” Proceedings of the Royal Society of London Series B-Biological Sciences 248 (1992) : 291 - 295.

9 K. Milton, “Ferment in the Family Tree: Does a Frugivorous Dietary Heritage Influence Contemporary Patterns of Human Ethanol Use?” , Integrative and Comparative Biology 44 (2004) : 304 - 314.

10 A. Saito et al., “Advantage of Dichromats over Trichromats in Discrimination of Color-camouflaged Stimuli in Nonhuman Primates,” American Journal of Primatology 67 (2005) : 425 - 436.

11 M. F. Willson and C. J. Whelan, “The Evolution of Fruit Color in Fleshy-fruited Plants,” American Naturalist 136 (1990) : 790 - 809.

12 H. Siitari et al., “Ultraviolet Reflection of Berries Attracts Foraging Birds: A Laboratory Study with Redwings (Turdus iliacus) and Bilberries (Vaccinium myrtillus) ,” Proceedings of the Royal Society of London Series B-Biological Sciences 266 (1999) : 2125 - 2129; D. L. Altshuler, “Ultraviolet Reflectance in Fruits: Ambient Light Composition and Fruit Removal in a Tropical Forest,” Evolutionary Ecology Research 3 (2001) : 767 - 778.

13 A. C. Smith, H. M. Buchanan-Smith, A. K. Surridge, D. Osorio, and N. I. Mundy, “The Effect of Colour Vision Status on the Detection and Selection of Fruits by Tamarins (Saguinus spp.) ,” Journal of Experimental Biology 206 (2003) : 3159 - 3176.

14 D. Osorio et al., “Detection of Fruit and the Selection of Primate Visual Pigments for Color Vision,” American Naturalist 164 (2004) : 696 - 708.

15 P. Riba-Hernandez et al., "Sugar Concentration of Fruits and Their Detection via Color in the Central American Spider Monkey (Ateles geoffroyi)," American Journal of Primatology 67 (2005): 411 - 423.

16 B. C. Regan et al., "Fruits, Foliage and the Evolution of Primate Colour Vision," Philosophical Transactions of the Royal Society of London Series B-Biological Sciences 356 (2001): 229 - 283.

17 K. S. Dulai et al., "The Evolution of Trichromatic Color Vision by Opsin Gene Duplication in New World and Old World Primates," Genome Research 9 (1999): 629 - 638.

延伸阅读

T. H. Goldsmith 的"What Birds See"是与鸟类视觉有关的最新研究，载于 Scientific American 295 (2006): 68 - 75， 值 得 一 读。Barry E. Juniper 与 David J. Mabberley (Portland: Timber Press, 2006) 的 The Story of the Apple 顾名思义，除了讨论苹果的故事，也描述了苹果在中亚野地的演化，以及与人类长期的关系。

10 有翼的种子：散播

注释

1 www.century-of-flight.freeola.com/Aviation%20history/flying%20wings/ Early%20 Flying%20Wings.htm (存取日期：2007 年 4 月 7 日)。

2 R. Kessler and W. Stuppy, Seeds: Time Capsules of Life (London: Papadakis, 2006), 97.

3 R. Kessler and W. Stuppy, Seeds: Time Capsules of Life (London: Papadakis, 2006), 94.

4 P. Schippers and E. Jongejans, "Release Thresholds Strongly Determine the Range of Seed Dispersal by Wind," Ecological Modelling 185 (2005): 93 - 103.

5 S. K. S. Thorpe, R. H. Crompton, and R. M. Alexander, "Orangutans Use Compliant Branches to Lower the Energetic Cost of Locomotion," Biology Letters 3 (2007): 253 - 256.

6 H. S. Horn, "Eddies at the Gates," Nature 436 (2005): 179.

7 L. C. Cwynar and G. M. MacDonald, "Geographical Variation of Lodgepole Pine in Relation to Population History," American Naturalist 129(1987): 463 - 469.

延伸阅读

写飞机的书比飞翔种子的书还多，这你大概也猜得到。Fred Culick 与 Spencer Dunmore 有本书简洁描述了莱特兄弟的故事，附有各时期的照片，书名是：On Great White Wings: The Wright Brothers and the Race for Flight (New York: Hyperion, 2001)。

11 未知的境遇：命运

注释

1 约翰·斯坦贝克《愤怒的葡萄》，第三章。杨耐冬译，台北：志文出版社，1990，第 61 页。

2 M. H. Peart, "Experiments on the Biological Significance of the Morphology of Seed-dispersal Units in Grasses," Journal of Ecology 67 (1979) : 843 - 863.

3 I. Giladi, "Choosing Benefits or Partners: A Review of the Evidence for the Evolution of Myrmecochory," Oikos 112 (2006) : 481 - 492.

4 L. Hughes and M. Westoby, "Capitula on Stick Insect Eggs and Elaiosomes on Seeds: Convergent Adaptations for Burial by Ants," Functional Ecology 6 (1992) : 642 - 648.

5 L. Hughes, M. Westoby, and E. Jurado, "Convergence of Elaiosomes and Insect Prey: Evidence from Ant Foraging Behaviour and Fatty Acid Composition," Functional Ecology 8 (1994) : 358 - 365.

6 S. B. Vander Wall and W. S. Longland, "Diplochory: Are Two Seed Dispersers Better Than One?" , Trends in Ecology and Evolution 19 (2004) : 155 - 161.

7 H. D. Thoreau, Faith in a Seed (Washington, DC: Island Press, 1993) .

8 M. Black, J. Bewley, and P. Halmer，The Encyclopedia of Seeds: Science, Technology, and Uses (Cambridge, MA: CABI, 2006) .

9 S. Sallon, E. Solowey, Y. Cohen, R. Korchinsky, M. Egli, I. Woodhatch, O. Simchoni, M. Kislev, "Germination, Genetics, and Growth of an Ancient Date Seed," Science 320 (2008) : 1464.

10 M. Daws, "Seed Survives for 200 Years," Kew Scientist 31 (2007) : 2.

11 Lawrence D. Hills, reproduced in P. Loewer, Seeds: The Definitive Guide to Growing, History, and Lore (New York: John Wiley and Sons, 1995) , 256.

12 K. Thompson, J. Bakker, and R. Bekker, The Soil Seed Banks of North West Europe (Cambridge: Cambridge University Press, 1996) .

延伸阅读

本主题和相关生态学的标准参考书是 Mike Fenner 和 Ken Thompson 的 The Ecology of Seeds (Cambridge: Cambridge University Press, 2005)。

12 猛烈的力量：萌芽

注释

1 http://waynesword.palomar.edu/pljuly96.htm (存取日期：2007 年 7 月 3 日)。

2 R. Kessler and W. Stuppy, Seeds: Time Capsules of Life (London: Papadakis, 2006) , 111.

3 K. Thompson and J. P. Grime, "A Comparative Study of Germination Responses to Diurnally-fluctuating Temperatures," Journal of Applied Ecology 20 (1983) : 141 - 156.

4 Z. R. Khan, A. Hassanali, W. Overholt, T. M. Khamis, A. M. Hooper, J. A. Pickett, L. J. Wadhams, and C. M. Woodcock, "Control of Witchweed Striga hermonthica by Intercropping with Desmodium spp., and the Mechanism Defined as Allelopathic," Journal of Chemical Ecology 28 (2002) : 1871 - 1885.

延伸阅读

若想深入探讨此主题，请参考 Carol Baskin 与 Jerry Baskin 的经典著作：Seeds: Ecology, Biogeography, and Evolution of Dormancy and Germination (San Diego: Academic Press, 1998)。

13 哀伤的谜：毒素

注释

1 K. Albala, Beans: A History (Oxford: Berg, 2007).

2 A. Beattie and P. R. Ehrlich, Wild Solutions (New Haven: Yale University Press, 2001).

3 奥利佛 · 萨克斯《色盲岛》(台北：时报文化出版企业股份有限公司，1999)。

4 P. A. Cox, S. A. Banack, and S. J. Murch, "Biomagnification of Cyanobacterial Neurotoxins and Neurodegenerative Disease Among the Chamorro People of Guam," Proceedings of the National Academy of Sciences of the United States of America 100 (2003) : 13380 - 13383. S. J. Murch, P. A. Cox, and S. A. Banack, "A Mechanism for Slow Release of Biomagnified Cyanobacterial Neurotoxins and Neurodegenerative Disease in Guam," Proceedings of the National Academy of Sciences of the United States of America 101 (2004) : 12228 - 12231.

5 C. S. Monson, S. A. Banack, and P. A. Cox, "Conservation Implications of Chamorro Consumption of Flying Foxes as a Possible Cause of Amyotrophic Lateral Sclerosis - Parkinsonism Dementia Complex in Guam," Conservation Biology 17 (2003) : 678 - 686.

6 S. J. Murch, P. A. Cox, and S. A. Banack, "A Mechanism for Slow Release of Biomagnified Cyanobacterial Neurotoxins and Neurodegenerative Disease in Guam," Proceedings of the National Academy of Sciences of the United States of America 101 (2004) : 12228 - 12231.

7 P. A. Cox et al. "Diverse Taxa of Cyanobacteria Produce Beta-N-methylamino-L-alanine, a Neurotoxic Amino Acid," Proceedings of the National Academy of Sciences of the United States of America 102 (2005) : 5074 - 5078.

延伸阅读

奥利佛·萨克斯的《色盲岛》(台北：时报文化出版企业股份有限公司，1999)中，描述了关岛肌肉萎缩症的源起。

14“向日葵啊！”——油脂

注释

1 C. B. Heiser, The Sunflower (Norman: University of Oklahoma Press, 1976), chap. 3.
2 C. B. Heiser, The Sunflower (Norman: University of Oklahoma Press, 1976), 30 - 31.
3 C. B. Heiser, The Sunflower (Norman: University of Oklahoma Press, 1976), 81 - 82.
4 D. L. Lentz, M. E. D. Pohl, K. O. Pope, and A. R. Wyatt, "Prehistoric Sunflower (Helianthus annuus L.) Domestication in Mexico," Economic Botany 55 (2001): 370 - 376.
5 A. V. Harter, K. A. Gardner, D. Falush, D. L. Lentz, R. A. Bye, and L. H. Rieseberg, "Origin of Extant Domesticated Sunflowers in Eastern North America," Nature 430 (2004): 201 - 205.
6 C. B. Heiser, The Sunflower (Norman: University of Oklahoma Press, 1976).
7 D. J. Murphy, "The Biogenesis and Functions of Lipid Bodies in Animals, Plants, and Microorganisms," Progress in Lipid Research 40 (2001): 325 - 438.
8 http://en.wikipedia.org/wiki/Candlenut (存取日期：2006年2月12日)。
9 http://www.killerplants.com/plants-thatchanged- history/20040210.asp (存取日期：2007年7月4日)。
10 George Monbiot, Worse than Fossil Fuel, http://www.monbiot.com/archives/2005/12/06/worse-than-fossil-fuel/ (存取日期：2006年2月12日)。
11 C. M. Pond, The Fats of Life (Cambridge: Cambridge University Press, 1998).
12 C. R. Linder, "Adaptive Evolution of Seed Oils in Plants: Accounting for the Biogeographic Distribution of Saturated and Unsaturated Fatty Acids in Seed Oils," American Naturalist 156 (2000): 442 - 458.
13 C. R. Linder, "Adaptive Evolution of Seed Oils in Plants: Accounting for the Biogeographic Distribution of Saturated and Unsaturated Fatty Acids in Seed Oils," American Naturalist 156 (2000): 442 - 458.
14 Caroline M. Pond, The Fats of Life (Cambridge: Cambridge University Press, 1998).

延伸阅读

Charles Heiser 的 The Sunflower (Norman: University of Oklahoma Press, 1976) 虽然有点旧了，但还是向日葵相关的必读著作。虽然向日葵籽在科学上不算果，F. J. Rosengarten 的 The Book of Edible Nuts (Mineola, NY: Dover, 2004) 仍有提及，如果你对作为食物的种子很有兴

趣，想看各方面的讨论，一定要看看这本书。Caroline M. Pond 的 The Fats of Life（Cambridge: Cambridge University Press, 1998）是本宝藏，充满各种与脂类相关的有趣知识，也讨论了植物中的脂质。

15 约翰·巴雷康：啤酒

注释

1 引自哈洛德·马基（Harold McGee），《食物与厨艺》（London: Hodder and Stoughton,2004），741。

2 Pliny the Elder, The Natural History, ed. H. T. Riley and J. Bostock, bk. 18, chap. 14; http://www.perseus.tufts.edu/cgi-bin/ptext?lookup=Plin.+Nat .+18.14（存取日期：2006年2月15日）。

3 B. D. Smith, The Emergence of Agriculture（New York: Scientific American Library, 1998）.

4 G. C. Hillman and M. S. Davies, "Domestication Rates in Wild-Type Wheats and Barley under Primitive Cultivation," Biological Journal of the Linnean Society 39, no. 1（1990）: 39 - 78.

5 D. Zohary and M. Hopf, Domestication of Plants in the Old World（Oxford: Oxford University Press, 2000）.

6 J. C. Fay and J. A. Benavides, "Evidence for Domesticated and Wild Populations of Saccharomyces cerevisiae," PLoS Genetics 1（2005）: 66 - 71.

7 P. E. McGovern et al., "Fermented Beverages of Pre- and Proto-historic China," Proceedings of the National Academy of Sciences of the United States of America 101（2004）: 17593 - 17598.

8 D. Janzen, "Why Fruits Rot, Seeds Mold, and Meat Spoils," American Naturalist 111（1980）: 691 - 713.

9 J. M. Thomson, E. A. Gaucher, M. F. Burgan, D. W. De Kee, T. Li, J. P. Aris, and S. A. Benner, "Resurrecting Ancestral Alcohol Dehydrogenases from Yeast," Nature Genetics 37（2005）: 630 - 635.

延伸阅读

我推荐 B. D. Smith 的 The Emergence of Agriculture（New York: Scientific American Library, 1998），书中对耕作的起源描述相当杰出。D. Zohary 与 M. Hopf 在第三版的 Domestication of Plants in the Old World（Oxford: Oxford University Press, 2000）中，详述大麦等各种旧世界作物如何驯化。C. W. Bamforth 的 Beer: Tap into the Art and Science of Brewing（Oxford: Oxford University Press, 2003）是和酿造啤酒有关的畅销书。

16 幻觉的疆域：咖啡

注释

1 T. W. Baumann, Espresso Coffee: The Science of Quality, ed. A. Illy and R. Viani (San Diego: Elsevier, 2005) , 55 - 67.
2 E. Illy, "The Complexity of Coffee," Scientific American 286, no. 6 (2002) .
3 A. Wild, Black Gold: A Dark History of Coffee (London: Harper Perennial, 2005) .
4 F. Anthony et al., "The Origin of Cultivated Coffea arabica L. Varieties Revealed by AFLP and SSR Markers," Theoretical and Applied Genetics 104 (2002) : 894 - 900.
5 M. Pendergast, Uncommon Grounds: The History of Coffee and How It Transformed Our World (New York: Texere, 2001) .
6 A. Wild, Black Gold: A Dark History of Coffee (London: Harper Perennial, 2005) , 91.
7 巴尔扎克，引自 www.cocoajava.com/java_quotes.html (存取日期：2007 年 7 月 9 日)。
8 J. W. Daly and B. B. Fredholm, "Mechanisms of Action of Caffeine on the Nervous System," in Coffee, Tea, Chocolate, and the Brain, ed. A. Nehlig (Boca Raton: CRC Press, 2004) .
9 J. Snel, Z. Tieges, and M. M. Lorist, "Effects of Caffeine on Sleep and Wakefulness: An Update," in Coffee, Tea, Chocolate, and the Brain, ed. A. Nehlig (Boca Raton: CRC Press, 2004) .
10 M. Casas, J. A. Ramos-Quiroga, G. Prat, and A. Qureshi, "Effects of Coffee and Caffeine on Mood and Mood Disorders," in Coffee, Tea, Chocolate, and the Brain, ed. A. Nehlig (Boca Raton: CRC Press, 2004) .
11 M. Ellis, The Coffee House: A Cultural History (London: Weidenfeld & Nicholson, 2004) , 304.
12 A. Wild, Black Gold: A Dark History of Coffee (London: Harper Perennial, 2005) , 134.
13 H. E. Jacob, The Saga of Coffee (London: Allen and Unwin, 1935) .
14 M. B. Silvarolla, P. Mazzafera, and L. C. Fazuoli, "A Naturally Decaffeinated Arabica Coffee," Nature 429 (2004) : 826.

延伸阅读

咖啡的书有很多，读了几本以后，你会发现每本都差不多。就我看来，这些书里属于蓝山咖啡等级的是 Uncommon Grounds: The History of Coffee and How It Transformed Our World，作者为 Mark Pendergrast (New York: Texere, 2001)。如果想知道冲泡咖啡的技巧，Espresso Coffee: The Science of Quality, ed. A. Illy and R. Viani (San Diego: Elsevier, 1995) 提供双倍的浓缩信息。

17 营养与灵感：饮馔

注释

1 K. F. Kiple and K. C. Ornelas, eds., The Cambridge World History of Food(Cambridge: University of Cambridge Press, 2000).

2 K. F. Kiple and K. C. Ornelas, eds., The Cambridge World History of Food(Cambridge: University of Cambridge Press, 2000), 1565.

3 http://www.sciencedaily.com/releases/2007/05/070509161030.htm (存取日期：2007 年 7 月 4 日)。

4 Harvard School of Public Health，http://www.hsph. harvard.edu/nutritionsource/fiber. html (存取日期：2007 年 8 月 29 日)。

5 http://www.goldenspurtle. com (存取日期：2008 年 1 月 12 日)。

6 Heston Blumenthal at the Fat Duck，http://www.fatduck.co.uk/ (存取日期：2007 年 8 月 18 日)。

7 http://www.bbc.co.uk/food/recipes/database/snailporridge_74858.shtml (存取日期：2008 年 1 月 12 日)。

8 K. F. Kiple and K. C. Ornelas, eds., The Cambridge World History of Food(Cambridge: University of Cambridge Press, 2000), 1567.

9 D. Benton, "The Biology and Psychology of Chocolate Craving," Coffee, Tea, Chocolate, and the Brain, ed. A. Nehlig (Boca Raton: CRC Press, 2004).

10 L. Beidler and K. Kurihara, "Taste-Modifying Protein from Miracle Fruit," Science 161 (1968); McVicar Cannon, The Old Sweet Lime Trick, http://quisqualis.com/mirfrtdmc1a.html (存取日期：2007 年 7 月 4 日)。

11 S. Kreft and M. Kreft, "Physicochemical and Physiological Basis of Dichromatic Colour," Naturewissenschaften 94 (2007) : 935 - 939.

12 C. Billaud and J. Adrian, "Louis-Camille Maillard, 1878 - 1936," Food Reviews International 19 (2003) : 345 - 374; P. A. Finot, "Historical Perspective of the Maillard Reaction in Food Science," Annals of the New York Academy of Sciences 1043 (2005) : 1 - 8.

13 哈洛德 · 马基《食物与厨艺》(London: Hodder and Stoughton, 2004)。

14 Betty Fussell, The Story of Corn (Albuquerque: University of New Mexico Press, 2004).

延伸阅读

如果你对食物与厨艺科学有兴趣，一定要有一套哈洛德 · 马基的《食物与厨艺》(台北：大家出版社，2009)。书中结合科学、历史与饮膳的角度，相当精彩。K. F. Kiple 与 K. C. Ornelas 编的 The Cambridge World History of Food (Cambridge: University of Cambridge Press, 2000) 则是另一本不可或缺的参考数据，两册书中不仅讨论食物的历史，更包含所有你想知道与食物有关的事。关于个别食材的书籍有很多，有两本和本书特别有关，你应该也会喜欢，分别是 Ken Albala 的 Beans: A History（Oxford: Berg, 2007），以及 Betty Fussell 的 The Story of Corn（Albuquerque: University of New Mexico Press，2004）。

索引

（索引页码为原书页码，原书页码请见内文页边）

A

B

C

D

E

F

O

P

Q

R

S

T

U

V

W

X

Y

Z

图书在版编目(CIP)数据

种子的故事/(英)西尔弗顿著;徐嘉妍译. —北京:商务印书馆,2014(2024.6重印)
(自然文库)
ISBN 978-7-100-09857-1

I. ①种… II. ①西…②徐… III. ①种子—普及读物 IV. ①Q944.59-49

中国版本图书馆CIP数据核字(2013)第047316号

自然文库
种子的故事
〔英〕西尔弗顿 著
徐嘉妍 译

商 务 印 书 馆 出 版
(北京王府井大街36号 邮政编码100710)
商 务 印 书 馆 发 行
北京中科印刷有限公司印刷
ISBN 978-7-100-09857-1

2014年4月第1版 开本 710×1000 1/16
2024年6月北京第11次印刷 印张 13¼
定价:56.00元